문지스펙트럼

지식의 초점

6-005

멸종
——불량 유전자 탓인가, 불운 때문인가?

데이빗 라우프 지음
장대익 정재은 옮김

문학과지성사

지식의 초점 기획위원
정문길 / 권오룡 / 주일우

문지스펙트럼 6-005

멸종
——불량 유전자 탓인가, 불운 때문인가?

지은이 / 데이빗 라우프
옮긴이 / 장대익 정재은
펴낸이 / 채호기
펴낸곳 / (주)문학과지성사

등록 / 1993년 12월 16일 등록 제10-918호
주소 / 서울 마포구 서교동 363-12호 무원빌딩 4층 (121-838)
전화 / 편집부 338)7224~5 영업부 338)7222~3
팩스 / 편집부 323)4180 영업부 338)7221
홈페이지 / www.moonji.com

제1판 제1쇄 / 2003년 12월 5일

ISBN 89-320-1463-9
ISBN 89-320-0851-5 (세트)

멸종
—불량 유전자 탓인가, 불운 때문인가?

서문

이 책은 지구 생물의 역사에 관한 것이다. 즉 우리도 어느 정도는 겪은 바 있는 무수히 많은 우여곡절과 방향 전환에 관한 이야기이다. 이 책은 우리의 생물학적 기원이 우주의 물리적 기원만큼이나 중요하며 흥미롭다는 확신을 바탕으로 씌어졌다.

전반적으로 이 책은 그동안 이상하게도 주목받지 못해왔던 진화의 한 측면인 멸종, 즉 생물종의 죽음에 초점이 맞추어져 있다. 지질학적인 과거에 사라진 수억 종류의 종들이 과연 무엇 때문에 그렇게 되었는가 하는 것이 핵심 질문이다. 즉 그 종들이 적응에 실패했기 때문인가(불량 유전자 때문인가), 아니면 그들이 잘못된 시간, 잘못된 장소에 존재했기 때문인가(불운 때문인가)? 이런 질문은 우리와 더 밀접한 관련이 있는 다음과 같은 질문을 야기한다. 우리가 지금 존재하는 이유는 자연적 우월성(예컨대, 나머지 네 손가락과 마주 보고 있는 엄지, 큰 뇌 등) 때문인가, 아니면 단지 평범한 행운에 불과한 것인가? 다시 말해, 생명의 진화는 적자생존 교의가 강하게 함의하듯 공정한 게임인가?

이런 주제는 과거 생명체의 멸종과는 별도로, 멸종 위기의 종, 생물 다양성의 손실, 인간 행위로 인한 멸종과 같은 당대의 문제들과도 연관되어 있다. 멸종의 역사는 현재와 미래의 지구생태학에 대한 중요한 관점을 제공한다.

이 책이 집필되고 출판될 수 있도록 도움을 준 사람들과 기관들에 감사를 표하고 싶다. 미국 항공우주국(NASA)의 우주생물학 프로그램은 멸종에 관한 내 연구를 우주의 생명체 탐구의 일환으로서 지원해주었는데, 이에 감사하게 생각한다. 시카고 대학은 해묵은 문제를 새로운 방식으로 사고할 것을 독려하는 데 필요한 지적인 분위기와 도전적인 학생들을 제공해주었다.

나는 내 동료로서 멸종에 관한 방대한 분량의 편집 자료를 자유롭게 이용하도록 해준 잭 셉코스키 Jack Sepkoski에게 빚을 졌다. 또한 잭의 동료이면서 우리 모두의 동료인 데이빗 야블론스키 David Jablonski에게도 감사를 표하고 싶다. 그는 멸종 현상에 관해 나와 끊임없이 토론해주었다. 함께 머리를 맞대고 이런 문제들과 씨름을 해왔기 때문에 어떤 생각이 누구에게서 나왔는가를 말하기가 불가능할 정도이다. 하지만 그들에게는 이 책에 표현된 더 기이한 몇몇 생각들에 대한 책임이 없다.

책의 출판과 관련해서는 아내 주디 야마모토 Judie Yamamoto에게 감사의 마음을 전하고 싶다. 그녀는 계속적으로 나를 지원하고 인내해주었으며 초고가 나올 때마다 꼼꼼히 읽어주었다. 컴퓨터 작업을 도와준 웨슬리 그레이 Wesley Gray도 무척 고마운 사람이다. 또한, 원고를 읽고 좋은 제안을 많이 해준 클락 챕맨 Clark Chapman, 매리언 폰즈 Marianne Fons, 커벳 러치터핸드 Kubet Luchterhand, 다니엘 맥셰이 Daniel McShea, 매튜 니테키 Matthew Nitecki, 잭 셉코스키, 그리고 진 슈메이커 Gene Shoemaker에게도 고마움을 전하고 싶다. 마지막으로, 노턴 출판사의 에드 바버 Ed Barber는 이 프로젝트를 처음부터 끝까지 지원해주었다. 편집에 관한 그의 건설적인 조언에 무척 감사한다.

시카고에서
1990년 11월
데이빗 라우프

추천의 글

스티븐 제이 굴드
(하버드 대학 비교동물학 박물관)

전통적으로 자연과 지구는 여성으로 의인화된다. 그러나 모든 전문 분야와 단체들은 미국의 워싱턴 대통령과 근대 천문학의 코페르니쿠스와 같은 규약적인 아버지를 갖는다(이는 연속성을 유지할 필요성과 우리 사회의 성 차별 현상에 기인한 것이다). 찰스 라이엘Charles Lyell은 『지질학의 원리 *Principles of Geology*』(1830~1833)라는 그의 방대한 저작 속에서 근대성을 체계화하여 지질학의 '아버지'로 알려졌다. 후에 라이엘은 자신의 원리를 '동일과정설'이라는 학설에 담았다. 동일과정설은 "현재는 과거의 열쇠이다"라는 교리를 중심으로 하는 신념들의 복합체이다. 라이엘은 현재 일어나는 자연 과정의 범위와 작용 속도로 지구와 생명의 전체 역사 속에 존재한 과거 원인들을 완전히 설명할 수 있다고 논증했다. 라이엘은 비현실적인(그리고 유사-신학적인) '대격변 catastrophe'의 원인들을 제거하고, 엄청난 시간에 걸쳐 점진적으로 꾸준히 축적되는 일상적인 작은 변화들로(즉 시나브로 쌓여가는 침식과 퇴적으로) 과거 변화의 정도를 나타내는, 하나의 방법론적인 개혁으로서 이 원리를 보았다.

이 생각은 현명하고 올바른 것처럼 들린다. 지질학, 대륙이동설, 그리고 판구조론의 위대한 근대 혁명도, 일 년에 수 센티미터의 대륙 이동이 오랜 지질학적 시간 동안 지속되어 엄청나게 큰 변화를 야기한다는 점을 수용한다는 의미에서 동일과정설을 구현한다. 그러나 두 가지 다른 관점(이론적이고 경험적인)에서 라이엘의 학설은 별 의미가 없다. 그리고 도그마로서의 동일과정설은 우리의 사회적이고 심리학적인 편견을 반영한다. 첫째, 관찰 가능한 짧은 시간 동안, 지구를 바꾸었을지도 모르는 잠재적 과정의 전체 범위가 포함될 확률은 얼마인가? 도대체 역사 시대 동안 한 번 볼 수 있을까 말까 할 정도로 드물게 일어나지만, 꽤나 자연스런 대규모 사건들은 어떤가? 둘째, 라이엘의 점진주의가 고생물학에서 기본적으로 인정하는 사실, 즉 생명의 역사에서 여러 번 일어난 '대멸종mass extinctions(광범위하고 급속한 동물상의 전복)'을 어떻게 설명할 수 있는가(전통적인 설명은 이런 엄청난 죽음을 부드럽게 처리하려 한다. 즉 시간 규모를 적어도 몇 백만 년으로 해서 실제로는 대규모로 일어난 급변이 기후와 해수면 변동과 같은 일상적인 원인들로 인해 발생했다는 식으로 논증을 편다. 그리고 이러한 논증이 늘 설득력이 있는 것처럼 취급되었다)?

　대멸종의 원인으로 제기되는 외계 물질 충돌론은 쉽게 개념화된 것에 비해 그 이론을 뒷받침해주는 훌륭한 근거 자료는 1980년에서야 처음으로 제시되었다. 이 이론은 합당한 것으로 평가되던 격변설에 힘을 실어줌으로써 생명의 역사에 대한 우리의 관점을 혁명적으로 변화시킬 수 있을 뿐만 아니라, 역사적 변동에 대한 전반적인 개념들을 바꿀 수 있을지도 모른다. 따라서 과학사가인 윌리엄 글렌William Glen이 논증했듯이, 충돌의 효능에 대한 이론들은 개념적으로 더 중요할지도 모르며, 심지어 지구의 운동에 대한 관점을 개혁한 판구조론보다 더 광범위할 수도 있다. 왜냐하면 판구조론도 변화에 대한 라이엘의 견해는 건드리지 못했기 때문이다.

　현재는 충돌 시나리오 가운데 C(백악기)Cretaceous 멸종에 대한 증거들만이 잘 제시된 상태이다. 물론 이것은 C 멸종에 관해서만 유독 방대한 자료들이 갖추어졌다기보다는 그 시기가 심정적으로 가장 끌리는 시기라는 의미가 더 강하다. 왜냐하면, 이 시기에 공룡이 지구상에서 모조리 사라졌기 때문에 포유류가 바통을 이어받았으며, 결국 우리 인간의 진화가 가능하게 되었기 때문이다. 하지만 이러한 시나리오를 그 밖의 다른 대멸종으로 확장하는 것은 매우 흥미로우면서도 뜨거운 논쟁을 불러일으키는 주제가 될 것이다. 화석 기록은 이러한 주제와 관련된 원천적인 자료들을 제공하며,

멸종의 양상을 수량화하는 일은 모든 주제들 중에서 가장 중요하고 미래가 밝은 분야이다. 그러나 최근까지도 멸종이라는 주제는 별로 주목을 받지 못했다. 적응, 점진적 변화, 그리고 발전에 대한 지나친 다윈주의적 세계에서 멸종은 영락없이 부정적으로 보였다. 즉 멸종은 궁극적인 실패이며 진화의 '진정한' 작업이 뒤집힌 경우로, 사람들이 인정은 하지만 활발한 토론은 하지 않는 그 어떤 것이었다.

이렇듯 이상하게 멸종에 대해 무시하는 분위기는 지난 10년 동안 완전히 역전이 되었다. 현재는 고생물학자들 사이에서 멸종만큼 흥미로운 주제가 없을 정도이다. 이유는 많지만 모두 멸종에 대한 충돌 이론에 확고한 뿌리를 두고 있다. 탁월한 내 동료 데이빗 라우프David M. Raup는 이런 변화를 가능하게 한 주역이었다. 데이빗은 화석이 보관된 먼지 덮인 서랍보다는 컴퓨터 앞에서 더 편안함을 느낄지도 모르는데, 화석 기록에 대한 정량적 접근에 관해서는 인정받는 대가이다. 그는 대부분의 고생물학자들이 충돌 시나리오에 대해 화를 내거나 비웃으며 진지하게 고려하지 않으려는 분위기 속에서도 처음부터 그 시나리오의 중요성을 알아차렸다. 그는 이 분야에서 가장 중요한 발견을 했고 대멸종이 약 2천 6백만 년을 주기로 일어날 수 있다는 흥미롭고도 엉뚱한 가설을 제시했다. 그는 또한 고생물학 분야의 끊임없는 말썽꾼이다. 이미 지나가버린 50세의 나이에 머물려는 듯이 열성적으로 활동하지만(나는 그와 경쟁하고 있다) 실제로 과학자들 가운데 가장 뛰어난 인물이다. 데이빗에게 좌우명이 있다면, 다음과 같은 것만이 가능할 것이다. 생각할 수 없는 것을 생각하라(그리고 그것이 어떻게 작동할 것인지를 보이기 위해 수학적 모형을 만들어라)! 엉뚱하되 적어도 타당하다고 여겨지는 이론을 생각하고, 그것이 모든 것을 설명할 정도로 확장될 수 있는지를 점검하라!

이 책은 타당한 우상 타파가 무엇인지를 훌륭하게 보여준다. 왜냐하면 데이빗은 하나의 주요 멸종에 대한 충돌 시나리오를 타당하게 만들었을 뿐만 아니라, 우리에게 대멸종부터 작은 지역의 소규모 멸절까지 포함하는 모든 멸종이 다양한 규모의 충돌에 의해 생겨났을 가능성을 묻고 있기 때문이다. 그렇게 되면 생명의 역사는 어떤 모습이 될까? 생명의 실제 역사가 이와 같을까?

고생물학은 여느 흥미로운 과학처럼 일상적으로 혼란스런 논쟁에 휘말려 있는 분야이긴 하지만 상대방에 대해서 상대적으로 우호적인 분야이다. 나는 거의 모든 내 동료들을 좋아한다. 그러나 나에게 통찰력을 주고 엉뚱하게 새로운 것들을 생각해보라고 격려해준 몇 안 되는 학자들에 대해서는 특별한 애정을 갖고 있다. 데이빗 라우프는 최고 중 최고이다. 우리가 개인적으로 만나기 전에 그가 나의 첫번째 논문을 검토한 적이 있었는데, 그 당시 아무것도 아닌 일개 대학원생에게 최대한의 우호적인 격려를 보내며 내 논문의 매우 중요한 실수를 건설적으로 지적해주었다. 우리는 1970년대와 1980년대에 일련의 논문들을 계속 함께 집필했다(그 당시 대부분의 고생물학자들은 일견 틀에 박힌 인과 관계에 의해 명백한 질서가 형성된다고 잘못 해석하고 있었는데, 우리는 그런 질서가 무작위적인 과정에 의해 생겨날 수 있다는 점을 보였다). 그 당시 데이빗은 모든 대멸종은 사람들이 인위적으로 만든 것이고, 그 멸종률은 결코 변하지 않으며 그것이 불완전한 화석 기록을 바탕으로 한 허상이라는 견해에 딴지를 걸고 있었다(나는 "하지만 데이빗, 좀더 진지하게 생각해볼 수 없겠소. 문제는 95퍼센트의 생물종이 페름기의 끝에 사라졌다는 게 아니에요. 중요한 점은 그들이 트라이아스기에 다시는 되돌아오지 않았다는 점이지. 그래서 그들은 진짜로 사라진 셈이라고요"라고 그에게 항의하곤 했다. 나는 그 논증에서 이겼다고 생각하지만 데이빗이 숙고 끝에 마음을 바꿀 수 있을지는 독자들이 판단할 것이다).

오늘날엔 과학자들간의 시기, 무시, 사기 등이 판을 친다고 여기는 게 유행이 되어버렸다. 그러나 이런 수상쩍은 행동은 부정 행위가 친절, 도움, 동료 의식보다 훨씬 더 눈에 띄기 때문에 널리 퍼져 있는 것처럼 보일 뿐이다. 원래 엄청나게 많은 선한 행위는 절대로 기록되지 않고 단 한 번의 뇌물 수수만이 머릿기사를 장식하는 법이다. 하지만 동료 의식은 과학의 윤활유이며 과학 분야에서 기쁨의 원천이다. 왜냐하면 그것이 없으면 쓸데없이 입장 표명을 하는 데 신경을 곤두세워야 하고 연구가 권태롭기조차 할 것이기 때문이다. 나는 흔들리지 않는 성실함과 넘치는 재치를 가진 데이빗과 같은 동료가 있어서 기쁘다. 이와 같이 때로는 친구이자 때로는 반대자로서 우리는 결코 냉소적이 되거나 늙지 않을 것이다.

차례

그림 목록

제1장
거의 모든 종이 사라진다

   거의 모든 프로 축구 선수들은 아직도 살아 있다. 거의 모든 핵물리학자, 도시 설계자, 세무 상담자 등도 틀림없이 살아 있을 것이다. 이것은 한편으로는 프로 축구, 핵물리학 등이 20세기에 새로 생긴 분야들이라는 점에 기인한다. 다른 한편으로는 그동안 인구가 계속 증가해왔다는 사실에 기인한다. 지금은 예전의 그 어느 때보다 더 많은 사람들이 존재하고 있는 것이다. 훌륭한 인구학자인 네이단 키피츠Nathan Keyfitz의 1966년 계산 결과에 의하면, 이전에 살았던 모든 사람들의 약 4퍼센트에 해당되는 인구가 그 당시에 살고 있었다. 즉 새로움과 인구 성장이 원인이다.

   그러나 생물종은 여기에 해당되지 않는다! 지구상에는 수백만(약 4천만 종 이상)의 서로 다른 동식물이 존재한다. 그리고 역사상 50억에서 150억 정도의 종(種)이 존재해왔다. 따라서 그것의 약 천 분의 일에 해당하는 종만이 지금까지 생존해 있는 셈이다. 참으로 형편없는 생존 기록이다. 무려 99.9퍼센트가 실패라니! 따라서 이 책은 두 가지 주요한 질문에 대답하고자 한다. 왜 그렇게 많은 종이 사라졌을까? 그리고 어떻게 사라졌을까?

멸종은 중요한가?

물론이다. 나는 매우 중요하다고 생각한다. 우리 모두는 우리를 둘러싼 자연 세계, 그것의 역사, 그리고 그것의 미래에 관한 다양한 생각들을 배우면서 성장한다. 만화, 수업, 텔레비전 시트콤 등 매우 다양한 출처에서 나온 이런 생각들은 우리 문화의 집합적인 태도를 대표한다. 모든 이들이 공유하고 있는 생각 가운데 하나는 지구가 살기에 매우 안전하고 호의적인 곳이라는 생각이 아닌가 싶다. 지진, 허리케인, 그리고 전염병이 발생할 수도 있지만 전반적으로 지구는 안정적이다. 지구는 너무 덥지도 춥지도 않으며 계절은 예측 가능하고 해는 계획대로 뜨고 진다.

지구라는 행성에 대해 우리가 이렇듯 긍정적으로 보는 이유는 대개 생명이 35억 년 동안 별다른 방해를 받지 않고 존재해왔다는 확신 때문이다. 게다가 우리는 자연 세계의 대부분의 변화가 느리고 점진적이라고 배워왔다. 종은 영겁의 세

월을 거치면서 매우 작은 걸음으로 진화한다. 침식과 풍화 작용이 경관을 바꾸긴 하지만 거의 측정이 안 될 정도의 느린 속도로 변형시킨다. 대륙도 이동하긴 하지만, 북미 대륙이 유럽에서 멀어지는 속도는 1년에 몇 센티미터 정도로 측정되며, 이는 우리의 삶과 우리 아이들의 삶에 실질적인 영향을 미치지 않을 것이다.

이 모든 것은 사실인가? 아니면 우리를 위로하기 위해 지어낸 이야기에 불과한가? 더 이상의 것들이 있는가? 나는 그렇다고 생각한다. 과거 거의 모든 종들은 살아남는 데 실패했다. 만약 그들이 점진적으로 조용하게 죽어갔다면 그리고 그들이 어떤 열세에 놓였기에 사라질 수밖에 없었다면, 지구에 대한 우리의 좋은 느낌은 그대로 유지될 수 있다. 그러나 만약 그들이 급작스럽게 사라졌고 아무 잘못도 하지 않았는데 죽어갔다면 우리 행성은 그렇게 안전한 장소가 아닐 수도 있다.

불량 유전자 탓인가, 불운 때문인가?

나는 이 책의 제목을 몇 년 전 스페인에서 출판했던 연구 논문으로부터 따왔다. 그 당시 나는 고생대 삼엽충의 몰락에 대해 관심을 갖고 있었다. 게를 닮은 이 복잡한 유기체는 약

5억 7천만 년 전부터 바다 밑바닥을 차지하고 살았다. 적어도 그들은 그 시대의 화석 수집물의 대부분을 차지한다. 그러나 고생대 시기의 3,250만 년을 지나면서 삼엽충의 수와 종류가 줄어들더니 마침내 그 시기가 끝나는 시점인 2,450만 년 전에는 완전히 사라져 대멸종에 이르렀다. 우리가 아는 한, 삼엽충은 어떠한 후손도 남기지 않았다.

스페인에서 했던 질문을 나는 지금도 계속하고 있다. 왜 이런 일이 일어났는가? 삼엽충이 무언가 잘못된 일을 했는가? 그들이 근본적으로 열등한 개체인가? 그들이 멍청했는가? 아니면 재수가 지지리도 없어서 단지 잘못된 시점과 잘못된 장소에 존재했었는가? 첫번째 입장('불량 유전자')은 질병에 걸릴 가능성, 감각 지각의 부족, 혹은 형편없는 번식 능력 등과 같은 것으로 드러난다. 두번째 입장('불운')은 삼엽충이 살던 지역의 모든 생명을 제거한 변덕스런 격변이 될 수 있다. 기본적으로 이것은 본성 대 환경 nature versus nurture의 문제이다. 즉 멸종의 이유가 종의 내재적인 속성 때문인가 아니면 위기가 만연한 우연적 세계의 변덕스러움 때문인가?

물론, 인간의 행동이 타고난 것인가 아니면 학습된 것인가와 같은 문제처럼, 이 문제 또한 내가 지금 여기서 말한 것보다 더 복잡하다. 그러나 이 두 상황에서 타고남(유전)과 길러짐(환경)은 어느 정도는 동시에 작용한다. 따라서 흥미로운 작업은 어떤 과정이 더 지배적인가, 그리고 그러한 불균형이 시공간에 따라 변화하는가를 찾는 일이다.

멸종의 본성

우리는 그럴듯하게 얼버무림으로써 멸종 문제를 피해 갈 수 있다. 물론 그렇게 되면 이 책도 필요 없어진다. 식물이나 동물 종은 단지 평균 4백만 년 정도의 지질학적인 수명을 가지며, 생명의 기원은 몇 십억 년 전으로 거슬러 올라간다. 이것에 기초해서 우리는 종의 수명이 짧은 것이 자연의 방식이라고 주장할 수 있다. 윌 커피Will Cuppy는 『어떻게 멸종에 이르는가? How to Become Extinct』에서 "파충류의 시대는 이미 충분히 갈 때까지 갔기 때문에 끝나게 된 것이다"라고 말했다.

마치 자연이 인간의 수명을 제한하듯이 어떤 종은 죽고 다른 종은 살아남는 현상이 단지 자연의 방식임을 받아들인다면, 멸종에 대해 궁금한 것이라곤 아무것도 없게 된다. 하지만 종의 일생과 인간 개인의 일생을 동등하게 여길 어떠한 근거도 단연코 존재하지 않는다. 종의 노화에 대한 증거나 왜 종이 영원히 살 수 없는지에 대한 이유를 우리는 알지 못한다. 사실, 소위 살아 있는 화석(가령, 바퀴와 상어)으로 불리는 종들을 보며 우리는 실제로 불멸성을 떠올린다.

멸종 문제 자체를 없애는 또 다른 방식이 있다. 종은 멸종하지 않고 자연 선택에 의해 단지 다른 종으로(아마도 더 나은 종으로) 진화한다고 주장하면 된다. 다윈의 『종의 기원』의 핵심은 종이 점진적으로 다른 종으로 변한다는 것이다. 새로운 종이 이런 식으로 형성되면, 조상 종은 죽지 않는다. 왜냐하면 그 종이 단지 다른 종으로 변형되었기 때문이다. 조상 종은 '의사 멸종'을 겪었다고 불린다(이는 '진짜 멸종'과는 다르다). 비록 의사 멸종이 확실히 자연에서 발생하긴 하더라도, 우리는 진짜 멸종이 무수한 종들을 제거해왔음 또한 알고 있다. 동식물의 많은 주요 집단이 한때는 지구 전체 생물군의 중요한 부분으로 존재했었지만 후손을 남기지 못하고 죽었다. '단속평형 punctuated equilibrium' 이론(생명의 진화가 점진적으로 일어나지 않고 오랜 정체기stasis와 급격한 종분화 과정을 반복하면서 단속적으로 일어난다는 이론으로써 미국의 고생물학자인 굴드와 엘드리지가 1970년대에 처음으로 제시했다—옮긴이)에 관한 진화생물학 논쟁의 많은 부분은 생명의 역사에서 진짜 멸종과 의사 멸종의 비율이 얼마나 되는가에 관한 문제에 집중되어왔다.

멸종의 존재를 부정하는 또 다른 주장도 있다. 공룡은 죽어서 사라진 것이 아니며 날개를 진화시켜 날아가버렸다는 주장이 바로 그것이다. 어떤 수준에서는 이런 추론은 건전하다. 새는 약 1억 5천만 년 전인 쥐라기에 그 당시의 공룡으로부터 진화했다(〈그림 1-1〉 참조). 최초의 화석 새는 덩치가 작은 쥐라기 공룡들과 거의 구분되지 않는다. 따라서 새는 집단적으로 공룡으로부터 이어져 내려왔으며 그것을 보여주는 많은 해부학적 유사성이 존재한다. 오늘날 살고 있는 8,600종의 새는 그 파충류로부터 대물림되어 생긴 셈이다.

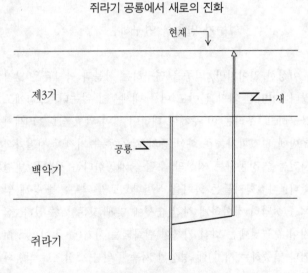

쥐라기 공룡에서 새로의 진화

〈그림 1-1〉 쥐라기의 공룡 계통에서 비롯된 새의 기원을 보여주는 진화 계통수(극도로 단순화됨). 이 형태로 인해 몇몇 사람들은 공룡이 백악기 말에 소멸하지 않았다고 주장한다. 공룡들은 쥐라기에 날개를 진화시켜 날아가 버렸을 뿐이라는 것이다.

그러나 새의 계통은 백악기를 끝장냈던 대멸종 사건이 공룡을 몰락시키기 몇 백만 년 전에 이미 갈라져 나오기 시작했다. 백악기 공룡은 문제점이 없는데도 죽었다! 그들의 멸종은 최종적인 것이었다. 우리는 지구 생물의 상당 부분이 진짜 멸종에 의해 진화해왔다는 사실을 피할 수 없다. 비록 어느 정도냐는 정확히 모르지만 말이다.

누가 멸종을 연구하는가?

이상한 일이지만, 멸종을 연구하는 학문과 학자들은 많지 않다. 어떠한 과학 분야도 이를 내세우지 않는다. 그럼에도 불구하고, 우리는 이 주제에 대하여 많이 알고 있다. 19세기 초반에 지질학자들은 화석 종의 짧은 존속 기간이 지질학적 사건들을 정돈하는 최상의 수단을 제공한다는 사실을 발견했다. 지질학자들은 화석을 식별함으로써 역추론을 통해 암석을 상당히 정확하게 시간 순서에 맞게 정돈할 수 있다. 심지어 오늘날에는 화석 기록이 변화되는 시기(즉 종이 발생하거나 멸종하는 시기)에 형성된 지층 주위를 중심으로 석유와 천연 가스 탐사 작업이 진행된다.

그러나 많은 연구를 해왔던 지질학자들과 고생물학자 동료들은 멸종 자체에 대한 강한 관심을 발전시키지 못했다.

아마 화석 기록을 가지고 너무 가까이 연구하다 보니 경이감을 잃어버리게 되었는지도 모른다. 암석에서 발견되는 거의 모든 종은 이미 멸종한 것이기 때문에, 멸종의 발생 시기뿐만 아니라 발생 이유도 문제가 된다. 그런데 의아한 것은, 멸종 위기에 처한 종 혹은 앞으로 멸종이 예측되는 종 등과 같은 현안이 있음에도 그것에 대해 활발히 작업하고 있는 지질학자와 고생물학자들이 많지 않다는 점이다.

나는 고생물학자로 훈련받던 대학원 시절에 멸종에 관하여 고작 몇 가지만을 배웠을 뿐이다. 예를 들어, 종들은 공간과 자원을 확보하기 위해서 서로 경쟁하며, 항상 물리적 환경과 싸운다는 점과, 배경 수준에서 꾸준히 일어나는 기본적인 멸종은 생명의 역사에서 피할 수 없으며 가끔 대멸종이라는 큰 사건에 의해 중단된다는 점 등을 배웠다. 그러나 이러한 틀에 박힌 지혜는 더 이상 발전하지 못했다. 비록 일부 수업과 교재에서 대멸종에 대해 언급하긴 했지만, 그 사건은 너무 복잡한 것처럼 보여서 잘 이해되지 않았다. 학교에서 우리의 할 일은 가장 중요한 화석들과 지질 시대에 그들이 살았던 생활 반경을 확인하는 방법을 배우는 것이었다.

만일 지질학자와 고생물학자가 멸종에 대해 진지한 관심을 보이지 않는다면, 그 관심은 생물학자들의 몫이다. 유기체의 진화는 생물학의 거의 모든 면에서 중심적이다. 분자생물학, 집단유전학, 분류학, 생태학 그리고 생물지리학을 포함하는 생물학의 모든 분야들은 진화의 역사를 기록하려 하거나 유기체의 진화 과정을 조사하려 한다. 누가, 누구를, 언제, 왜, 그리고, 어떻게 낳았는가? 그러나 이상하게도 전형적인 생물학자들은 멸종이 진화에서 미미한 역할을 할 뿐이라고 여긴다.

지난 수십 년 동안 생물학에서 중요한 주제 가운데 하나는 종분화speciation라고 알려진 현상이었다. 많은 사람들이 이용어가 진화 계통의 갈라짐 혹은 가지치기branching, 즉 한 종에서 다른 두 종을 만들어내는 현상을 지시한다고 받아들인다. 하지만 역설적이게도, 찰스 다윈이 『종의 기원』에서 초점을 맞춘 것은 이것이 아니다. 다윈주의적인 변화의 주요한 양상은 한 종이 다른 종으로 점진적으로 변형되는 것이다. 이때 공존하는 종의 수는 늘어나지 않는다. 사실 대부분의 생물학자들은 다윈류의 종의 기원을 종분화라고 여기지도 않는다. 오히려 '계통적 형질 전환phyletic transformation'이라는 다소 어색한 용어로 부른다.

〈그림 1-2〉는 종분화와 계통적 변형의 차이를 보여준다. 일련의 원과 네모는 각각 다른 계통이 시간이 지남에 따라 진화하는 양상을 보여준다. 이때 원과 네모가 서로 다른 두 종의 몸집을 표상한다고 해보자. 그림에서는 원의 크기가 시간의 흐름에 따라서 평균적으로 작아지는데 이는 진화가 더 작은 몸집을 갖도록 진행된다는 점을 시사한다. 이런 변화는

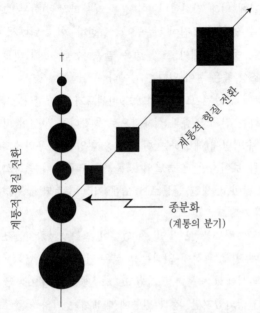

계통적 형질 전환

계통적 형질 전환

← 종분화
(계통의 분기)

〈그림 1-2〉 계통적 형질 전환과 종분화의 차이를 보여주는 가설적인 진화 계통수. 가상의 유기체들(원과 네모)은 시간에 따라 점진적으로 변화하여 몸집이 작아지거나 커진다(계통적 형질 전환). 가지가 갈라지는 지점에서 (종분화) 원형의 유기체가 네모 형태 유기체 계통을 발생시킨다.

계통적 형질 전환에 의해 일어난다.

그런데 특정한 시점에서 가지치기가 발생한다. 원형 유기체 중 몇몇이 갈라져서 네모 유기체의 계통을 출발시킨다. 그리고 이 네모는 원의 경우와 마찬가지로 그때부터 계통적 형질 전환에 의해 진화한다. 이 경우 해부학적 변화는 그림에서 볼 수 있듯이 몸집이 큰 쪽으로 향한다. 이 그림에서 주의할 것은 둥근 형태의 조상 종은 멸종하는데 비해 네모난 형태의 조상 종은 살아 있다는 점이다.

지구상에 살았던 모든 종의 99.9퍼센트가 멸종한다면, 전체 종분화는 전체 멸종과 실제적으로 똑같다는 사실이 따라 나온다. 수백만에 해당하는 현재의 종 다양성이 우리에게는 큰 것처럼 보이지만, 오늘날의 생물군은 멸종보다 종분화가 약간 더 많아서 생긴 산물로서 오랜 기간 축적되어 형성된 결과이다.

이러한 그림들을 보면 알 수 있듯이 진화생물학자들조차도 멸종에 별로 관심이 없다는 사실은 당혹스럽다. 많은 논문과 교과서에서 종분화를 다뤘고 그 주제를 중심으로 많은 연구가 진행되었지만, 정작 멸종에 대해서는 거의 언급조차 없었다. 마치 사망률을 고려하지 않고 인구 증가율을 계산하려 하는 인구학자와도 같은 꼴이다. 빚에는 관심이 없고 신용만 고려하는 회계사라고나 할까? 진화생물학 교과서에는 멸종에 관한 상투적인 몇 마디와 "종은 변화에 대처할 수 없을 때 죽는다"라든가 "멸종은 개체군의 크기가 0에 접근할 때 일어나기 쉽다"와 같은 동어반복만이 실려 있는 경우가 대부분이다. 『브리태니카 백과사전』(1987)에서는 "멸종은 어떤 종이 대체 수준으로 더 이상 재생산을 해낼 수 없을 때 일어난다"고 말한다. 이런 진술들은 내용이 텅 비어 있다.

그러나 관심은 변하기 마련인 법. 멸종에 대해서도 관심의 변화가 있었다. 루이스 앨버레즈Luis Alvarez라는 노벨 물리학상 수상자와 버클리 대학 동료들의 무모한 제안 덕분에 운석 충돌이 공룡 멸종을 야기했는가에 관한 열띤 토론이 벌어졌다. 이 논쟁은 멸종 위기에 처한 종에 대한 관심과 연결되어 사람들로 하여금 멸종 현상을 탐구하고 생명의 역사에서 멸종의 역할을 이해하도록 하는 데 기여했다. '멸종 연구'라는 떠오르는 분야는 언젠가 '-학ology'이라는 꼬리표를 달지도 모를 일이다. 이 책의 목적은 사람들이 멸종을 더 잘 이해하도록 우리들이 연구한 바를 전달하는 데 있다.

하지만 멸종 연구는 아직도 매우 작은 구멍가게 정도의 수준임이 분명하다. 멸종 연구는 초전도 고속 충돌기 프로젝트나 인간 게놈 프로젝트, 혹은 허블 우주 망원경과 같은 거대 과학과는 비교조차 될 수 없을 만큼 초라하다. 그러나 멸종과 관련된 쟁점들은 광활한 우주 속에 던져진 인간의 존재를 이해하고 "우리는 왜 여기에 있는가?"라는 궁극적인 물음에 답하려는 인간의 계속적인 시도라는 측면에서 근본적이며 흥미롭다.

용어에 대하여

흥미롭게도 '사라진extinct'이라는 단어는 형용사이다. 우리는 종(또는 화산)이 사라지게 "되다become" 혹은 사라져 "간다go"고 말한다. 이 단어는 점점 소멸해감을 뜻하는 수동적 특성을 지닌다. 'extinct'가 능동사로서 사용된 적도 있지만 그러한 용법은 17세기의 영어에서 사라졌다. 동식물들은 모든 종류의 능동적인 행위를 한다. 그들은 싸우고 먹고 이주하고 번식하고 심지어는 종분화도 한다. 하지만 종이 죽으면 그들은 사라지게 된다. 어쩌면 멸종을 '종의 죽음'으로 해석하는 것이 약간은 무섭기 때문에 우리가 무의식적으로 능동적인 목소리를 피하고 있는지도 모른다. 혹은 이 사용법은 사라지고 있는 종이 통제력을 잃은 채 외부의 영향에 반응하고 있음을 의미할 수도 있다. 내 생각에는 이런 해석이 합당한 것 같다. 왜냐하면, 어떤 종의 구성원들 중 일부는 자살할지도 모르지만, 그 종 스스로 능동적으로 사멸한다고 볼 만한 이유가 없기 때문이다.

캐나다의 탁월한 고생물학자이며 멸종 연구가인 딕비 맥라렌Digby McLaren은 '대멸종mass extinction' 대신에 '대량 살해mass killing'라는 용어를 사용할 것을 주장한다. 그가 이런 주장을 하는 이유는 종의 죽음과 개체의 죽음을 구별하기 위함이다. 맥라렌은 대멸종의 가장 극적인 측면이 무수한 개체들의 갑작스런 살해killing라고 확신한다. 그에게 멸종은 살해가 어쩌다 완료될 때 생기는 부산물에 지나지 않는다. 따라서 맥라렌의 제안은 용어를 바꾸자는 게 아니라 강조점을 종에서 개체로 옮기자는 것이다.

나는 최근의 연구 논문들에서 '멸종' 대신 '살해'라는 단어를 실제로 사용함으로써 그보다 한발 더 나아갔다. 나는 약간 짓궂게 동료들이 이런 용어를 선택해줄 것인지 아닌지를 기다리고 있다. 나는 적어도 이것이 맥라렌과의 즐거운 대화로 이어질 것으로 기대한다.

종이란 무엇인가?

더 논의를 전개하기 전에 여기서 종이 어떤 의미를 갖는지를 분명히 해야 한다. 강조점을 개체에 둔 맥라렌의 견해에도 불구하고 종은 예전부터 대부분의 멸종 연구에서 계산의 단위였다.

종은 어떻게 분류되는가? 어떤 뛰어난 분류학자가 어떤 종을 어떤 종이라고 말하면 그렇게 된다. 약간 냉소적으로 들리긴 하지만, 이것이 생물학과 고생물학에서 가장 널리 사용되는 조작적 정의이다. 그런데 생물의 세계가 실제로 자연적인 단위로 나누어지기 때문에 이런 정의는 통한다. 전문 분류학자들은 유기체의 세계를 기본적인 단위들로 분류하는 데 시간과 정력을 바친다. 이때의 분류 기준으로 해부, 생화학, 색깔, 생식 체계 등이 사용되며 가끔은 행동도 고려 사항이 된다. 분류학자들은 자신의 경험을 이용하여 일관적인 분류를 가능하게 하는 형질들을 골라낸다.

좀더 엄격한 정의도 가능하다. 한 종은 어떤 공통의 유전체 genome를 공유하는 개체들의 집단이다. 모든 인간은 하나의 단일한 종에 속하는데 왜냐하면 그들은 서로 짝짓기를 함으로써 번식을 할 수 있기 때문이다. 우리 종 구성원들간의 번식을 막는 유일한 장벽은 지리적이고 문화적인 것뿐이다. 생물의 세계는 분리되고 독립적인 유전체의 배열이다. 그리고 이 배열은 시간을 통해 변하지만 서로 섞이지는 않는다. 종은 번식적으로 고립되어 있기 때문에 해부적인 차이와 행동적인 차이는 진화한다.

분류학자들은 자연적인 종 natural species을 인식하고 구분한다. 불행히도, 번식적 고립 여부를 시험하기 위한 육종 실험은 일반적으로 비현실적이다. 왜냐하면 만약 개체들이 서로 다른 지역에서 살아서 자연스럽게 서로 끌리지 않는다면 그런 시험은 애당초 불가능할 수도 있기 때문이다. 따라서 분류학은 일반적으로 이것을 대신할 수 있는 정보들, 예컨대 신체적 외양, 행동, 번식 주기 등에 의존한다.

게다가 자연 세계에는 종간의 차이뿐만 아니라 종 내의 차이도 존재하기 때문에 분류학자들을 고민에 빠뜨리곤 한다. 한 지역에 살고 있는 어떤 종의 개체군들은 다른 지역에 살고 있는 같은 종의 개체군들과 다를 수도 있다. 놀라울 정도로 다른 경우도 종종 있다. 그 차이는 국소적 조건에 대한 미미한 적응들, 또는 정상적으로 서로 교배할 수 없는 개체군들 사이에서 발전한 우연적인 차이로부터 올 수도 있다. 어떤 종의 지리적인 변이들을 우리는 아종subspecies, 변종varieties, 또는 품종races이라고 부른다. 이들은 같은 지역에 살면 서로 교배할 수 있다. 아종은 초기의 종이다. 즉 원래의 종이 종분화의 과정 속에 있는 경우이다. 만약 지리적 종분화가 충분히 오래 지속되면 아종은 완전하게 독립적인 종이 된다.

특히, 식물의 경우처럼(떡갈나무), 종들간에 성공적인 잡종화가 가능하다. 이런 잡종은 종의 경계를 흐리게 만드는 경향이 있고 형태에 있어서는 종종 중간 형태를 띤다. 만약 잡종화 현상이 우리 세계에서 만연하다면, 종 분류 전체는 깨지고 말 것이다. 분류학자들에게는 다행스러운 일이지만, 진화 역사에서 이러한 일은 틀림없이 일어나지 않았다. 상이한 적응들(예를 들어, 수영 능력과 비행 능력)이 진화하고 유지될 수 있는 것은 바로 독립적으로 진화하는 유전체가 존재하기 때문이다. 이런 장벽이 없다면 우리 세계는 매우 달랐을 것이고 우리는 아마도 여기에 있지 못했을 것이다. 전체 생물계는, 제대로 잘하는 것도 없이 두루두루 조금씩만 할 줄 아는 일반 생명체들로 가득 찼을 것이다.

개체의 번식 능력을 시험하는 것은 거의 불가능하거나 현실성이 없다. 따라서 분류학자들은 기존 지식을 총동원하여 종의 경계에 대한 추측들을 할 수밖에 없다. 이 경우에 여러 분류학자들의 분류를 서로 비교해봄으로써 이런 접근이 대부분 잘 작동하는지를 입증할 수 있다. 예컨대 뉴기니의 외딴 지역에 사는 새에 대한 서양 조류학자들의 분류와 그와 독립적으로 수행한 원주민들의 분류가 거의 완벽하게 일치한 사례들은 매우 놀랍다.

고생물학자는 생물학자가 살아 있는 개체를 분류하듯 화석을 분류한다. 당연히 화석으로는 번식 실험이 가능하지 않고, 행동적인 정보나 생리적인 정보 또한 많지 않다. 하지만 살아 있는 개체를 연구하는 생물학자 또한 거의 모든 결정을 외양에 기초해 내린다는 점을 고려한다면, 외양에 국한되어 작업한다는 점이 치명적인 불이익은 아니다.

멸종의 목적?

멸종은 좋은 것이었는가, 아니면 진화의 건설적인 힘도 어쩔 수 없는 파괴적인 것인가? 이 질문은 확실한 대답은 없지만 흥미롭고 어려운 것이다. 대개 사람들은 "물론 멸종은 적응력이 떨어지는 종을 쓸어버리기 때문에 좋은 것이다"라고 대답한다. 이런 뿌리깊은 개념은 다윈의 『종의 기원』에서 발견된다. 물론 거기서 그는 항상 종 내에서의 적응도를 강조했지만 말이다. 어떤 사람들은 멸종이 궁극적으로 좋은 것이라는 생각은 너무 자명하기 때문에 시험해볼 필요도 없는 것이라고 주장한다. 왜냐하면 얼마나 더 생존했는가를 따져서 더 잘 적응한 종을 그렇지 않은 종과 구분하면 그만이기 때문이다.

그러나 우리는 아직 지질학적 과거 속에 잘 기록된 수천 가지의 멸종이 왜 일어났는지 잘 모른다. 물론 특정한 경우들에 대해서는 많은 견해들이 제시되었다. 삼엽충은 새롭게 진화한 물고기와의 경쟁 때문에 사라졌고, 공룡은 너무 컸거나 멍청했고, 아일랜드 엘크사슴의 뿔은 너무 성가신 것이 되었고 등등. 이것들은 모두 그럴듯한 시나리오이긴 하지만 얼마든지 의심할 여지가 있는 이야기들이다. 동등하게 설득력을 갖는 대안적 시나리오들을 얼마든지 떠올릴 수 있다. 하지만 그 어떤 것도 어떤 종이 멸종할 수밖에 없음을 선험적으로 보여줄 수는 없다는 의미에서 예측력을 갖고 있지는 못하다.

열등한 종이 멸종했음을 보여주는 유일한 증거는 멸종의

사실뿐이다. 즉 순환 논증이 될 수밖에 없다. 이 논증의 약점은 멸종이 적응도에 기초한다는 주장의 타당성을 부정하지 못한다는 데 있다. 이것은 우리의 무지를 반영할 뿐일지도 모른다. 예컨대, 후기 백악기의 포유류는 공룡보다 실제로 더 잘 적응해왔을 수도 있지만, 이 동물들에 대한 우리의 지식이 그러한 우월성을 인지할 만큼 충분하지 않을 수도 있기 때문이다.

여기서 한 가지 사고 실험을 해보자. 그 어떠한 멸종도 없다면 진화는 어떻게 될까? 〈그림 1-3〉은 두 가지 가설적인 진화 계통수(系統樹)를 대략적으로 보여준다. 두 경우 모두 시간은 아래에서부터 위로 흐르고, 선은 종 계통을 의미한다. 현재는 맨 위를 가로지는 수평선이므로 그 선에 이른 계통들이 오늘날 살아 있는 종들을 지시한다. 이 두 나무는 위를 향해 가지치기를 하는데, 이는 마치 중심 밑동이 없는 관목과 같은 모양이다. 각 분지점(가지치기가 일어나는 점)은 종분화 사건이다.

왼쪽 나무는 진화의 실제 양상을 보여준다. 맨 위에 이르기 전에 끝나는 종 계통들은 멸종을 경험하는 계통들이다. 공존하는 종의 수(생물 다양성)는 새로운 종이 종분화에 의해 첨가되면서 변화하며 다른 종들은 멸종으로 사라진다.

오른쪽 나무는 종이 결코 죽지 않는다는 점을 제외하고는 동일한 규칙을 따른다. 일반적으로 덤불보다는 버드나무를

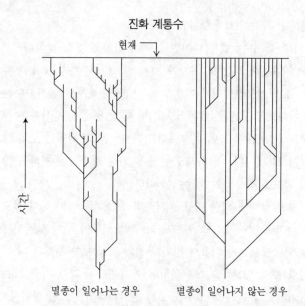

진화 계통수

현재

시간

멸종이 일어나는 경우   멸종이 일어나지 않는 경우

〈그림 1-3〉 생물 다양성에 대한 종 멸종의 결과를 보여주는 가설적 진화 계통수. 실제 생명의 역사를 보여주는 왼쪽 나무에서는 계통의 가지치기에 의해 수많은 종들이 발생하지만 대부분이 멸종한다. 현재에는 단지 세 종만이 살아남았을 뿐이다. 오른쪽 나무는 멸종이 전혀 발생하지 않았다면 진화가 어떻게 진행되었을지 보여준다. 공존하는 종의 수(생물 다양성)는 포화 상태에 다다를 때까지 증가할 것이다.

더 닮았다. 현재의 지식으로는 왼쪽 나무가 생명의 실제 역사를 더 잘 표현한다고 보아야 할 것이다. 왜냐하면 멸종에 대한 많은 증거들이 있기 때문이다. 그런데 멸종이 일어나지 않아도 진화가 작동할까?

작동할 수는 있을 테지만 잘 작동하지는 못할 것이다. 멸종이 없는 진화는 몇 가지 문제를 일으킨다. 가장 중요한 것은, 그렇게 되면 생물 다양성이 기하급수적으로 증가한다는 것이다. 더 많은 종 계통이 생기면 더 많은 종을 생산하는 계통들이 더 많이 늘어날 것이다. 그러면 곧 그 체계는 포화 상태가 될 것이다. 결국 새로운 종을 위한 장소가 존재하지 않게 되므로 종분화는 멈추어야 한다.

자연 선택에 의한 적응은 기존의 종을 계속 연마하여 정교하게 만들 것이고, 그 종에게 더 많은 시간이 주어질 것이므로 궁극적으로는 적응의 질이 우리가 지금 보는 것보다 더 대단할 수도 있다. 최초로 형성된 유기체가 우리가 지금 보는 유기체보다 훨씬 더 좋은 구조를 진화시킬지도 모를 일이다.

따라서 우리는 멸종이 없이 구성된 진화 체계를 상상할 수 있고 그 체계는 다른 행성에 존재할 수도 있다. 하지만 멸종으로부터 자유로운 세계가 지구상에서 진화한 무수히 다양한 생물들—예를 들어, 삼엽충, 물고기, 날아다니는 파충류, 고래, 그리고 인간 등—을 만들어낼 수 있었을까? 확실하지는 않지만 아마도 그럴 것 같지는 않다. 멸종은 적응 과정의 초기에 전도유망한 계통들을 종종 제거하지만(종종 적응적 과정의 초기에) 진화적 혁신을 위한 공간을 창조하기도 한다. 따라서, 적어도 우리 세계에서 멸종은 새로운 서식지와 삶의 양상을 탐사할 수 있는 상이한 유기체들에게 지속적으로 새로운 기회를 제공한다. 이 과정은 "기세 좋게 계속 진행"되며, 현재와 과거의 다양한 생명 형태를 얻기 위해서는 필수적인 것일지도 모른다.

지금까지 우리는 멸종이 진화에 있어서 필수적인 요소일 수도 있음을 제안했다. 그러나 아직 그렇게 분명하지는 않다. 다음 장들에서 우리는 이 문제로 다시 돌아갈 것인데, 멸종이 희생자를 선택하는 데 있어서 무작위적인지 아니면 선택적인지에 따라 많은 문제들이 영향을 받는다는 점을 알게 될 것이다.

제2장
생명의 역사

여기에서 생명의 역사에 대한 나의 개관은 선택적일 수밖에 없다. 왜냐하면, 5,000단어 내로 이 장을 완성하려면 70만 년을 한 단어로 정리를 해야 하기 때문이다. 앞으로의 논의를 위해 유용한 화석 기록의 몇몇 측면들뿐만 아니라 멸종과 연관된 몇 가지 중요한 지점들을 언급할 것이다.

생명의 기원

태초에 박테리아가 있었다. 지구 생명의 가장 오래된 기록은 호주에 있는 35억 년 된(약자로 3.5ga BP, ga BP는 gigayears before present의 약자—옮긴이) 암석에 존재하는데, 이는 지구에서 가장 오래된 암석보다 단지 5천만 년 후에 생성된 것이다. 이 화석은 광합성을 하지 않는 혐기성 단

세포의 것이다. 세포에는 핵도 없고 더 발달된 형태의 다른 특성들도 없다. 비록 원시적이라는 꼬리표를 달고 있긴 하지만, 이 개체들은 상당히 성공적으로 자신의 종을 이어왔고 오늘날의 상이한 환경들에서 여전히 번성하고 있다.

호주 화석들은 지구상 거의 최초의 생명으로 가정된다. 또한, 순간적인 화학 작용의 결과 때문에 무생물로부터 생명이 지구에 생기게 되었다고 여겨진다. 이러한 가정들(추정이라고 해야 더 맞을 것이다)은 증명될 수 없으며 이에 대한 대안적 이론들도 적지 않다. 예컨대, 생명이 발생할 때의 초기 화학 반응이 다른 행성에서 일어나 우주 공간을 떠돌다가 지구로 전해졌을 수도 있다. 하지만 이 문제에 관한 연구자 대부분은 생명이 지구에서 시작되었다는 점에 동의한다. 생명 발생에 관한 연구는 활발하긴 하지만 지지부진하다. 그 중 어떤 연구는 순전히 이론적인 반면, 다른 연구는 실험실에서 초기 지구의 생명 발생 개연성을 탐구한다. 또한 어떤 연구는 우주 공간에서 복잡한 유기 분자를 찾아내는 작업을 수반하기도 한다.

거의 모든 사람들이 받아들이는 또 다른 가정은 연속적인 조상-후손 짝 연쇄를 통해 초기 생명의 형태로부터 이후의 모든 생명이 이어졌다는 주장이다. 이런 가정은 살아 있는 모든 유기체들이 생화학적 형질들을 공유하기 때문에 그런대로 괜찮아 보인다. 물론, 생명이 초기 지구에서 한 번 이상

출현했다가 하나의 생명 형태를 제외하고는 모두가 초기에 죽어 없어졌다고 생각할 수도 있다. 그렇게 되면 그때 살아남은 한 계통이 생명의 조상이 되었을 것이다. 만약 그랬다면 그것은 최초의 중요한 멸종일 것이다.

나는 몇 년 전에 버클리 소재 캘리포니아 대학의 고생물학자인 짐 발렌타인Jim Valentine과 함께 생명이 몇 번이고 시작되었을 수도 있다는 가설을 시험하기 위한 작업을 함께 수행했다. 이를 위해 도박꾼의 파산 문제(다음 장에 나온다)로부터 몇 가지 방법들을 사용했다. 만약 생명이 독립적으로 여러 번 시작되었다고 했을 때 그들 중 하나만 제외하고 모두 죽었을 확률은 얼마인가? 우리의 분석에 따르면, 생명이 열 번 시작되었다 하더라도 우연적으로 그 중 하나만 생존했을 가능성이 가장 높다. 반면 생명이 열 번 넘게 독립적으로 시작되었다면 적어도 두 가지 형태의 원시 생명 형태가 자손을 퍼뜨렸을 가능성이 가장 높다. 만약 실제로 몇 번의 기원이 존재했고 그 중 하나만이 이어져 내려왔다면 불량 유전자냐 아니면 불운이냐 하는 문제가 남는다. 즉 최고의 생명 형태가 생존 투쟁에서 승리했는가 아니면 단지 운이 엄청나게 좋아서 그 계통이 살아남았는가?

복잡한 생명체

가장 오래된 박테리아(35억 년 전)와 복잡한 다세포 유기체의 등장(6억 년 전) 사이의 긴 지질학적인 기간은 선캄브리아기(캄브리아기의 전기를 의미한다)로 알려져 있다. 선캄브리아기를 통틀어 화석 기록은 흔치 않지만 몇몇 진화적 변화를 분명히 보여준다. 예를 들어, 광합성의 최초의 명백한 증거는 20억 년 전 무렵에 나타나고 진핵 세포(핵을 가진 세포)는 19억 년 전에 나타난다.

인간의 눈으로 보면, 선캄브리아기는 해부학적으로 단순한 몇 안 되는 개체에 의해 전 지구의 생물 다양성이 결정되었던 아주 느려터진 변화가 일어난 긴 기간이다. 그러나 그 기간에 여러 측면에서 주요한 변화들이 있었다. 예컨대, 대기의 화학 조성이 변했고 환경을 이용하는 생명의 능력에 있어서도 변화가 일어났는데, 이런 변화들은 이후의 진화에서 매우 중요한 것들이었다. 그런데 아마도 가장 중요한 변화는 대기에 산소량이 증가하기 시작한 사건일 것이다. 초기 식물들이 산소를 만들었고 이는 다시 산소를 호흡하는 동물을 가능하게 했기 때문이다. 산소 대기는 생물의 다양화의 원인이자 결과인 셈이다.

내가 여기서 "틀림없이"와 "아마도"와 같은 용어를 반복해서 사용하고 있다는 것을 금방 눈치 챘을 것이다. 초기 생명과 초기 지구의 조건에 관한 연구는 불확실하다. 이런 연구를 위해서는 추측과 사변에 능해야 한다. 그렇다고 다른 많은 과학 영역에 비해 그렇게 다르지는 않다.

생명의 진화는 6억 년 전쯤에야 암흑 상태에서 벗어났다. 암석 기록에는 복잡하고 다양한 개체들의 엄청난 잔재들이 남아 있다. 가장 오래된 화석물 중 하나는 1946년에 호주의 정부 광산지질학자인 스프릭 R. C. Sprigg이 발견한 에디아카라 동물상Ediacara fauna이다.

스프릭은 통상적으로 화석을 거의 포함하지 않는 순수한 수정 사암에서 이것을 발견했는데, 그 당시에 다른 전문 고생물학자도 같은 곳에서 화석을 찾다가 허탕을 치곤 했던 것을 보면 참 재미있다. 게다가 그 암석은 삼엽충을 비롯한 다른 공통 화석의 캄브리아기 화석물보다 더 오래된 것으로 알려졌다. 호주에서 스프릭의 직업은 오래된 납 광산을 탐구하는 것이었지만, 그는 화석 수집에 대한 아마추어적인 관심이 매우 강했기 때문에 어떠한 고생물학자도 탐구하지 않은 암석에 대해서도 눈에 불을 켜고 살펴보았다.

에디아카라 동물상은 이제 전세계에 알려져 있다. 그곳의 화석은 이상하고 부드러운 몸을 가진 수중 생물이다. 몇몇은 오늘날에도 살고 있는 진화 집단에 속할 수도 있지만 대부분은 수수께끼 같다. 고생물학자들 사이에 인기 있는 한 견해에 의하면, 에디아카라는 절멸한, 즉 출발을 잘못한 주요 진화 가지를 대표한다. 이런 측면에서 에디아카라 동물상은 다소 덜 오래된 버지스 이판암Burgess Shale(브리티시 컬럼비아의 캄브리아기)과 비교된다. 스티븐 제이 굴드는 그의 저서 『멋진 생명 *Wonderful Life*』에서 버지스 이판암을 아주 우아하게 묘사하고 해석해냈다.

그 기원과 운명이 어찌 되었든 에디아카라 생물들은 선캄브리아기 최후반기에 많은 지역을 점유했던 복잡한 동물이었다. 하지만 에디아카라의 존속 기간을 추정하기는 쉽지 않다. 틀림없이 매우 짧은 기간이었을 것이다.

대략 5억 7천만 년 전쯤에 시작된 캄브리아기에는 훨씬 더 많은 다양성이 출현했다. 그때부터 지금까지 화석을 포함할 수 있는 대부분의 암석이 화석을 갖고 있다.

그렇다면 진화의 긴 터널을 그렇게 느리게 통과한 후에 지구의 생명은 왜 갑자기 다양해졌는가? 이때의 변화는 너무 극적이어서 사람들은 종종 캄브리아기의 폭발이라고 부른다. 어떤 학자들은 그 당시에 해양이나 대기 조성의 변화와 같은 물리적 환경 변화가 일어나서 매우 다양한 개체의 발달을 자극할 수 있게 되었다고 주장한다. 해양에 갑자기 증가하기 시작한 탄산칼슘은 그것을 사용해 단단한 뼈와 껍질을 만드는 개체들의 진화를 촉진시켰을 것이다.

아니면 이 다양화는 어떤 생물학적 원인에서 비롯되었을

수도 있다. 단순한 조류(藻類) 군집으로 덮인 얕은 바닷물을 먹고 사는 개체들이 출현하면서 다양성이 촉진되었을 수도 있다. 케이스 웨스턴 리저브 대학의 스티븐 스탠리 Steven Stanley는 '파종 cropping'이라는 생태학적 원리로 이런 생각을 발전시켰다. 무언가를 소비하는 종은 그것이 채식자이건 육식자이건 간에 무언가가 심어진 지역의 종 다양성을 자극한다.

캄브리아기 폭발에 대한 호소력 있는 또 다른 설명은 그러한 진화 양상을 전염병의 확산과 결부시킨다. 많은 병원균은 여러 해 동안 미미한 수준으로 존재하다가 이후에 분명한 원인 없이 전염병 수준으로 확산한다. 어떤 질병이든 그 성장은 기하급수적이다. 즉 병원균이 많으면 많을수록 짧은 시간동안 번식에 의해 더 많이 증가한다. 소수의 병원균만 있는 개체군은 극적으로 성장하지 않는다. 하지만 개체군이 팽창하면 각 번식 주기에 더 많은 병원균들이 추가되고 결국 그질병은 전염병이 된다.

만약 종분화를 병원균의 번식에 비유하고 멸종을 그 병원균의 죽음에 비유해본다면 진화는 사실 질병과 유사하다. 종분화율이 멸종률을 능가한다면 종의 수(생물 다양성)는 기하급수적으로 증가해야 한다. 종이 더 많으면 많을수록 이후의 종분화 기회는 더 많아진다. 따라서 느려터진 진화적 팽창을 보이는 긴 선캄브리아기는 기하급수적인 성장 곡선의 급경사점에 아직 도달하지 못한 병원균에 비유될 수도 있다. 만약 이런 비유가 옳다면 캄브리아기 대폭발을 촉발시켰던 특별한 사건(물리적 혹은 생물학적 사건)을 탐구하는 작업은 가치가 있다.

화석 기록의 질

화석 기록은 장엄하면서도 훌륭하다. 한편으로는 과거 생명의 아주 작은 단편만이 화석화되었지만(그리고 고생물학자들에 의해 발견되어왔다), 다른 한편으로는 너무나 훌륭하게 보존되어 있는 수백만 점의 화석이 존재한다. 지금까지 대략 25만 종 가량이 이름 붙여졌으며 적절한 시공간 상에 배치되었다. 그래서 비록 과거 생명의 견본은 전체에서 작은 부분일 뿐이지만 많은 정보를 제공하기에 충분한 셈이다.

다른 문제가 하나 있다. 화석 견본의 질은 개체마다 상당히 다르고 물리적 환경에 따라서도 무척 다르다. 일반적으로 물속에 사는 개체는 육지에 사는 개체보다 더 잘 보존되어 있다. 강과 바다는 침전물의 장소이기 때문이다. 단단하고 광물화된 골격을 가진 동물은 약한 몸을 가지고 있는 개체들보다 좀더 쉽게 화석화된다. 따라서 해양 조개의 기록이 육지 곤충의 기록보다 훨씬 더 좋다.

화석화에 대해 흥미로운 측면 한 가지는 동식물이 예전에 살았던 환경을 벗어난 경우에 더 잘 보존된다는 점이다. 대부분의 자연 환경은 생물학적으로 활동적이어서 부패 박테리아처럼 썩은 동식물 찌꺼기를 찾아다니는 개체들을 부양한다. 만약 어떤 동식물이 그 환경에서 죽는다면, 그 찌꺼기는 그런 개체들에 의해 곧 소비된다. 반면 시체가 생물학적으로 비활동적인 환경으로 재빨리 이동하면 보존 잠재력은 강화될 수밖에 없다. 최상의 화석 지역은 이런 식으로 형성되었다. 로스앤젤레스의 라 브리 타 피츠 la Brea tar pits도 그중 하나인데, 거기서는 수많은 홍적세 동물들이 액체 타르 속에 갇혀버렸다. 드물긴 하지만 떨어지는 화산재에 육상 동물이 질식사한 경우도 있었다. 이런 종류의 진기한 사건은 과거에 대한 가장 정확한 창이 된다.

6억 년 동안의 소동

캄브리아기 말기에 적어도 해양에서는 생물들이 정교해졌고 다양한 군집들이 발전했다. 건조한 육지가 존재하긴 했지만 아직 그 누구에게도 점유되지는 못했다. 나무도 곤충도 나는 생물도 없었다. 자크 쿠스토 Jacques Cousteau (1910~1997, 프랑스의 해양학자이자 영화 제작자. 자신의 해저 탐사 활동을 담은 영화와 텔레비전 프로그램 등을 통해 해양 환경 연구를 대중화시켰다—옮긴이)는 이 기간을 소재로 하면 재미있는 텔레비전 쇼를 만들기 쉽다는 사실을 발견했을 것이다. 물론 상어와 대부분의 물고기 등은 출연할 수 없었겠지만, 헤엄치며 바다 바닥에서 서식했던 흥미로운 동물들과 열대 암초 등은 필름에 담을 만한 것들이었으리라. 쿠스토는 틀림없이 거대한 크기와 엄청난 다양성을 지닌 삼엽충에 주목했을 것이다.

에디아카라에서부터 현재까지의 6억 년은 '현생누대 Phanerozoic'로 불린다. 이 기간은 많은 화석 기록뿐만 아니라 진화(그리고 멸종)에 대한 대부분의 지식을 우리에게 제공한다. 우리는 학교에서 현생누대가 일련의 불연속적인 간격이라고 배웠다. 예컨대, 어류 시대, 파충류 시대 등으로 나뉘어서 결국 포유류와 인간의 시대에 이르는 식으로. 하지만 스티븐 제이 굴드가 설득력 있게 보여주었듯이 현생누대에 생명체는 복잡성이 계속 증가하는 방향으로 진보하지 않았다. 물론 현생누대에는 생물계의 레퍼토리를 넓히는 중요한 것들이 상당히 추가되었고 이들 가운데 많은 것들이 오늘날에도 생존하고 있으며 여전히 진화하고 있다. 식물이 데본기에 육지를 침범했고(〈그림 2-1〉의 연대표를 참조할 것), 바로 그 이후에 곧바로 고도로 진화된 곤충이 날아다니기 시작했다. 석탄기 동안에는 여건이 될 때마다 열대 우림이 잘 발달하였으며 그후에 곧 육상 척추동물이 등장했다. 석탄기 우림에서의 화석군에 대한 몇몇 연구는 곤충의 다양성이 국소적인 측면에서 오늘날만큼이나 대단했음을 말해준다.

페름기부터는 작고 큰 척추동물들이 계속해서 지상에 넘쳐났다. 우리는 종종 쥐라기와 백악기의 긴 기간 동안 거대한 파충류가 육지와 해양을 지배했다고 배운다. 그러나 그것은 지나친 과장이다. 물론 몇몇 파충류는 그 당시의 동물 가운데 가장 거대한 동물이었다. 지상의 거대한 공룡, 해양의 어룡(魚龍)과 모사사우르스mosasaurs가 그러했다. 하지만 전 지구 생물량의 측면에서 그들은 더 작은 수백만의 개체들에 비해 종의 수도 적고 개체군도 작은 조연 정도에 불과했다. 예를 들어 한동안 생존했던 공룡은 단지 50종에 불과했다. 이와는 대조적으로 종 수에서 그보다 5배가 넘는 다람쥐 종은 현재에도 여전히 생존해 있다.

백악기 말기에 공룡과 거대 해양 동물이 멸종한 이후에 포유류가 급격히 다양해지기 시작했다. 그리고 때가 이르러 우리 종인 **호모 사피엔스** *Homo Sapiens*가 출현했다.

앞서 언급했듯이 주목할 만한 진화의 많은 혁신들이 현생누대에 등장했다. 그래서 그 기간을 순차적인 진보의 기간, 다시 말해 단순한 개체에서 복잡한 개체로, 원시적인 개체에서 고등한 개체로, 그리고 작은 개체에서 커다란 개체로 진화가 진행되었다고 보는 고생물학자들이 있다. 하지만 조금

지질 연대표

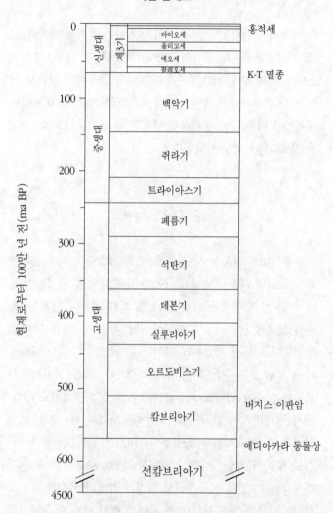

현재로부터 100만 년 전 (ma BP)

신생대	제3기	마이오세	홍적세
		올리고세	
		에오세	
		팔레오세	K-T 멸종

백악기 — 중생대

쥐라기

트라이아스기

페름기 — 고생대

석탄기

데본기

실루리아기

오르도비스기 — 버지스 이판암

캄브리아기 — 에디아카라 동물상

선캄브리아기

0
100
200
300
400
500
600
4500

〈그림 2-1〉 지구 역사 초창기의 표준적인 지질 연대표. 캄브리아기에서 제3
기까지는 '대'와 '기' 구분을 보여주며 제3기에서는 '세'로 구분되었다(마이
오세 다음에 플라이오세가 있지만 연대표의 규모에서 이름을 적기에는 기
간이 너무 짧았다). 시대 구분은 일차적으로 화석에 기초한다. 왼쪽 눈금은
화석에 기초한 연표에 대한 최근 보정 값이다(Harland et al., 1990).

만 자세히 들여다보면 그런 식의 일반화는 폐기될 수밖에 없다. 사실, 현생누대 동안의 생명 진화는 후퇴, 대체, 그리고 소동에 의해 지배받았다. 주요한 진화 집단들이 등장해서 잠시 동안 번성하다가 죽어 없어졌다. 그러나 그들을 대체했던 개체들이 비록 다른 종류이긴 했지만 더 복잡하지도 더 고등한 것도 더 큰 것도 아니었다.

주식 시장 비유

현생누대의 역사를 지난 수십 년 동안의 주식 시장 현황표와 비교하면 매우 흥미롭다. 1920년대에도 뉴욕 증시는 지금과 거의 같은 형식을 사용했다. 즉 회사 이름과 가격, 수익 등이 알파벳 순서대로 나열되어 있었다. 회사의 총 수는 오늘날보다는 다소 적었는데 이는 마치 데본기의 생물 다양성이 오늘날보다 다소 작은 것과 비슷하다. 해를 거듭하면서 회사들은 증시 일람표에 등록되기도 하고 퇴출되기도 했다. 하지만 한번 퇴출된 회사는 되돌아오지 않는다. 또한 어떤 산업은 흥함과 쇠함을 반복한다. 1920년대와 1930년대에는 철도 주식이 많았지만 항공 주식은 별로 중요하지 않았다. 간혹 새로운 산업이 등장해서 확장과 합병의 기간을 겪기도 했다. 이 모든 것은 각 산업을 위해 일람된 회사 수를 세어봄으로써 추적될 수 있다.

어떤 주에는 주식 값이 질서 없이 요동을 한다. 어떤 시점에는 거의 모든 주식이 같은 방향으로 이동하지만 또 어떤 시점에는 회사들이 각기 다른 방향으로 외견상 독립적으로 이동한다. 그 주의 마지막에 있는 모든 주식의 평균 가격은 가격에 영향을 미친 다양한 내외적 요인들의 결과이다. 어떤 주식의 가격이 0으로 가면 그 회사는 퇴출된다. 주식 값과 전체 시장의 구성은 10주 단위로, 혹은 한 주 단위로도 예측을 할 수가 없다. 현생누대의 생물 진화도 이와 마찬가지이다.

주식 시장의 역사가 현생누대 진화에 대한 매우 훌륭한 모형이긴 하지만 어떤 측면에서는 비유가 성립하지 않는다. 최근에 급속히 늘어나고 있는 기업 합병의 예를 들어보자. 이는 생물 진화 과정에서 잡종화에 비유될 수 있는데 이런 현상이 생물 진화에서는 일반적이지 않다.

그러나 50년 혹은 75년을 아우르는 주식 시장 리포트를 비교해서 보면 비록 규칙적이지는 않지만 더 현대적인 느낌을 가진 회사를 향해 전이되었음을 분명히 알 수 있다. 가령, 플라스틱 회사와 항공 회사들은 번영하고 제록스와 애플 컴퓨터와 같이 유명한 몇몇 회사들이 출현한다. 그 일람표는 현재의 일람표에 점진적으로 도달할 수밖에 없다. 현생누대의 화석 기록에서도 동일한 현상이 발생한다. 동물상과 식물상에서의 변화를 통해 전 지구적인 생물상은 좀더 당대적이게 된다. 우리의 관심은 시간 연쇄의 한쪽 끝점에 집중되어 있기 때문에 그 변화가 마치 인간 존재를 향한 진보인 양 생각하기 쉽다. 하지만 만일 진화적 연쇄가 완전히 무질서하더라도 그렇게 생각하기 쉬울 것이다.

추세와 양상에 대한 지각은 사람들의 관점에 좌우되기 때문에 진화 기록들을 객관적으로 보기란 쉬운 일이 아니다. 이것은 우리가 육상 척추동물들(양서류, 파충류, 조류, 포유류)을 다룰 때 특히 더 그렇다. 예컨대, 인간 종이 위로 향한 ─ "위로 향한"이라는 말의 의미가 무엇이든 간에 ─ 진보의 정점이라는 느낌은 피하기 힘든 게 사실이다. 진보에 대한 이런 개념은 포유류가 파충류나 양서류보다 아무튼 더 나은 개체이며 인간은 다른 포유류들보다 어찌 되었든 더 낫다는 점을 함의한다. 또한 이런 생각은 과거의 멸종한 개체들이 어딘가 부족함이 있었기 때문에 그렇게 되었다는 생각을 낳는다. 즉 멸종은 불량 유전자 탓이라고 생각하게 된다.

현생누대 생명의 몇몇 삽화들은 진화 기록의 우아함과 혼미함을 동시에 드러내줄 것이다.

삼엽충의 눈

동물계에서 시각(視覺)은 독립적으로 여러 번 진화했다.

어떤 경우에는 시각이 단지 빛에 민감한 조직 tissues일 뿐이어서 긴요하긴 하지만 그것을 눈이라고 규정하기 어려운 경우도 있다. 어둠에서 빛을 구분하는 단순한 능력은 성게와 불가사리를 비롯한 많은 무척추동물들에서 널리 발견된다. 진짜 눈은 곤충, 연체동물, 새, 그리고 포유동물과 같이 서로 다른 집단들에서 발생했다. 충분히 멀리 되돌아가게 되면 이들 집단이 하나의 공통 조상을 만나긴 하겠지만 그들의 눈은 독립적인 진화적 혁신이다.

고생대(5억 7천만 년~2억 4천만 년 전) 삼엽충의 눈은 현생 게, 곤충, 절지동물의 것과 비슷하게 생겼다. 아직 이것을 증명해줄 화석 기록은 없지만 이 유사성은 공통 조상의 결과일 것이다. 겹눈은 분리된 렌즈를 가진 분리된 요소들로 구성되는데 이 모든 것이 함께 작용해 하나의 이미지를 형성한다. 원래 상태의 렌즈 체계를 간직하고 있을 정도로 완벽한 삼엽충 화석도 가끔씩 발견된다.

시카고 대학의 물리학자이며 열광적인 화석 수집가이기도 한 레비세티 R. Levi-Setti는 몇 년 전에 삼엽충 눈의 렌즈 체계에 매료되었다. 그는 삼엽충 전문가인 에딘버러 대학의 클락슨 Euan Clarkson과 함께 작업을 하면서 깜짝 놀랄 만한 사실을 발견했다. 잘 보존된 화석 표본에서 삼엽충 눈의 각 요소는 두 개의 겹쳐진 렌즈를 갖는다. 위에서 보면 렌즈들 간의 접촉면은 중심이 움푹 들어가 있고 가장자리는 둥글게 되어 있다.

삼엽충 눈의 두 렌즈 체계는 근대의 광학 설계에서는 일반적이고 흔히 '접합 렌즈'라고 불린다. 그러나 상부 렌즈의 모양은 현재 자연에서 사용되거나 인공적으로 쓰이고 있는 것과도 같지 않다. 그런데 광학 전문가인 레비세티는 삼엽충 눈의 상부 렌즈 모양이 17세기에 호이겐스Huygens와 데카르트Descartes가 독립적으로 고안한 설계와 동일하다는 사실을 알아챌 수 있었다. 이 렌즈 모양은 구면 수차(收差)를 최소화하기 위해 고안된 것인데, 그 당시에 같은 목적을 위해 사용되는 다른 렌즈들이 있었기 때문에 호이겐스와 데카르트의 설계는 사용되지 않았었다.

하부 렌즈는 삼엽충의 아이디어였다. 레비세티는 접합 렌즈가 물 밑의 구면 수차를 피하는 데 꼭 필요한 것 ——17세기 설계자들은 이에 대해 관심이 없었다—— 임을 보여줄 수 있었다.

요점은, 현생누대의 초기에서도 개체들은 고도로 정교화된 체계를 진화시켰다는 점이다. 인간의 관점에서도 고도로 숙달된 기발한 광학 전문가를 필요로 하는 설계였다. 그렇다면 삼엽충의 눈은 현생 게나 작은 새우의 눈보다 더 효과적이었는가? 살아 있는 삼엽충을 발견할 수 없기 때문에 이런 질문에 즉각 답변할 수는 없다. 단지 현생 게의 눈이 더 낫다는 증거는 없다고 말할 수 있을 뿐이다.

열대 암초

오늘날의 열대 해양은 대규모의 아름다운 산호초로 둘러싸여 있으며, 이들 산호초 각각은 상당히 다양하고 복잡한 동식물 군집으로 이루어져 있다. 물 표면 근처로 파도가 물마루를 이루면서, 암초는 종종 다른 다양한 군집을 지탱해주는 보호된 초호(礁湖)를 만들어낸다. 현대 암초의 강한 틀의 대부분은 돌산호목과 *Scleractinia*의 군집 산호 동물의 골격으로 구성되었다. 오늘날의 해양 생물 다양성의 많은 부분이 열대 암초와 연결되어 있다.

암초는 대부분이 열대 해양에 한정되어 있다. 이것은 한편으로는 기후(온도)에, 다른 한편으로는 적도 태양 광선의 높은 각도에 기인한다(산호는 공생 조류의 활발한 광합성에 의존한다). 지난 수천만 년 동안 산호는 조건의 변화에 따라 적도에서 멀어지거나 가까워졌다.

깊이가 더 깊었던 지질학적 과거의 열대 해양은 잘 발달된 암초를 가질 때도 있었고 그렇지 못할 때도 있었다. 〈그림 2-2〉는 암초가 오늘날처럼 잘 발달되어 있었던 시기, 암초가 없었던 시기, 그리고 초기 모습의 암초만 있었던 비교적 긴 시기를 보여준다. 여기서 '초기 단계'의 암초란 단단한 틀을 지니지 못한 채 몇몇 지역에서만 발생한 암초를 의미한다.

암초 생물상과 비암초 생물상이 서로 반복되어서 나타나는 현상은 부분적으로는 지리와 기후의 변화에 의존한다. 대륙이 이동했고 날씨 양상도 변했다. 하지만 암초 유무의 가장 중요한 원인은 생물학적인 것이다. 즉 그 틀을 짓는 개체들이 존재하는지 아닌지가 중요하다. 〈그림 2-2〉에서 암초가 없는 기간들은 모두 주요한 대멸종 직후부터 시작된다. 이는 대멸종이 중요한 암초 종을 제거했다는 증거가 된다. 실제로, 가장 최근의 싹쓸이 멸종(백악기 후기)을 제외한다면 암초 군집을 다시 진화시키기 위해 수백만 년이 필요했다.

오늘날의 산호(돌산호목)는 비교적 최근의 진화적 발달의 산물이다. 그것들은 트라이아스기 중기인 2억 4천만 년 전 무렵까지도 화석 기록에 나타나지 않는다. 하지만 기본적인 구성과 생태 면에서는 현생누대 초기의 암초와 동일하다. 산호는 상이한 개체들의 놀라운 다양성으로 만들어졌다.

초기의 산호들은 중심 틀을 이루는 개체로서 석회질 조류를 많이 이용했지만 후에는 해면을 많이 사용하였다. 멸종된 많은 산호 집단은 현대의 산호초와 해부학적으로 다르다. '루디스트 rudist'라 불리는 대합조개의 종류조차도 산호를 만든다. 루디스트 산호는 백악기 바다에 특히 많았지만 그 시기를 마감시킨 대멸종 시기에 완전히 사라져버렸다. 루디스트는 상당히 독특한 대합조개로서 학생들이 종종 산호로 착각을 할 정도로 형태 면에서 유사하다.

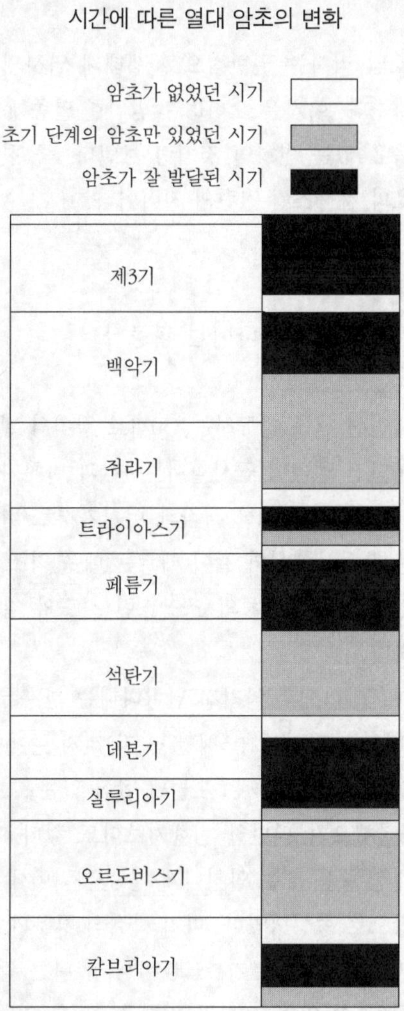

시간에 따른 열대 암초의 변화

암초가 없었던 시기 ☐
초기 단계의 암초만 있었던 시기 ▨
암초가 잘 발달된 시기 ■

| 제3기 |
| 백악기 |
| 쥐라기 |
| 트라이아스기 |
| 페름기 |
| 석탄기 |
| 데본기 |
| 실루리아기 |
| 오르도비스기 |
| 캄브리아기 |

〈그림 2-2〉 시간에 따른 열대 암초 발생. 암초가 잘 발달되었던 시기는 전체의 절반도 되지 않는다. 암초는 대멸종 시기에 한꺼번에 사라졌다가 다시 발생했다(Copper, 1988에서 인용).

열대 산호의 역사는 일반적으로 생태계 역사의 전형적인 모습을 보여준다. 이것은 오히려 광범위한 멸종에 의해 종종 추동되는 목표 없는 변화인 것처럼 보인다. 즉 한 체계에서 다른 체계로의 갑작스런 일련의 전이이다.

날아다니는 파충류

현대의 해안선 위를 활공하는, 50피트 길이의 날개를 가진 파충류를 본다면 얼마나 근사할까! 시각과 마찬가지로 비행은 여러 번 진화했다. 또한 시각과 마찬가지로 비행은 날아다니는 파충류 동물에서와 같이 때로는 매우 격조가 높지만, 오늘날의 날다람쥐와 날치의 조잡스런 시도와 같이 때로는 매우 단순하다.

흔히 익룡(翼龍)으로 알려진 날아다니는 파충류는 약 2억 년 전부터 백악기 말기(6천 5백만 년 전)까지 존재했다. 거대한 프테라노돈 *Pteranodon*은 오늘날 살아 있는 그 어떤 새보다 훨씬 웅장했으며 웬만한 비행기보다도 컸다. 깃털 없는 날개는 거대한 주름 또는 엄청나게 긴 손가락뼈에 붙어 있는 피부의 연장으로 형성되었다. 마치 박쥐의 경우와 같다.

좀더 큰 익룡들은 대개 기류(氣流) 위를 나는 활공에 의존하면서 이륙할 수 있었고 힘찬 비행을 할 수 있었다. 사실,

바람 터널 실험을 비롯한 많은 이론적 · 실험적 작업을 통해 익룡의 비행 능력은 입증되었다. 그러나 비행 능력이 정확히 어느 정도인지는 알 길이 없다. 이 거대한 동물은 지상에서의 대부분의 시간을 새와 함께 공존했다. 하지만 우리는 그 당시 새들이 얼마나 잘 날 수 있었는지 역시 알지 못한다.

날아다니는 파충류는 후손을 남기지 못했다. 그들은 출현해서 얼마 동안 번성하다가 사라져버린 또 하나의 성공적인 집단일 뿐이었다. 하지만 익룡의 생존 기간은 우리의 편견과는 달리 결코 짧지 않았다. 짧기는커녕 인류의 진화 기간의 무려 30배가 넘는다.

인간 진화

인간은 진화의 늦둥이이다. 인간의 역사는 부실한 화석 기록 때문에 연구하기가 쉽지 않다. 우리 조상들 대부분은 화석이 좀처럼 보존되지 않는 고원 지방을 점유하고 살았다. 게다가 인간의 역사는 짧고 개체군도 매우 작았다. 비록 파편화된 화석 기록이 많은 정보를 숨기고 있는 것일지도 모르지만 인간 조상에게 멸종이 큰 역할을 했다고 보기는 어렵다.

그러나 생명의 역사라는 맥락에서 인간 진화에 관한 중요한 점이 지적되어야 한다. 우리는 일반적으로 인간 지능이 우리 종의 가장 중요한 특성이라고 여긴다. 이는 아마도 사실일 것이다. 하지만 고도의 지능은 현생누대의 어느 시기에든지 어느 생물상에서도 진화할 수 있었을 것이다. 파충류, 조류, 곤충, 심지어 삼엽충에서도. 곤충이 우리와 같은 지능을 발달시켰을 수 있다고 주장하는 것은 다소 극단적인 것처럼 보인다. 실제로, 곤충은 작은 뇌를 가졌으며 분명히 멍청하다. 그러나 나는 왜 지능이 곤충에서는 진화할 수 없었는지에 대한 신경학적 근거나 그 밖의 다른 이유들을 알지 못한다. 마찬가지로 지능은 전혀 진화할 필요가 없었을 수도 있다.

이런 생각은 외계 생물이 인간과 유사한 지능을 가졌을 가능도likelihood를 고려할 때 중요해진다. 미국 항공우주국(NASA)의 외계 지능 탐사 계획(SETI)과 같은 연구 프로젝트는 이런 질문을 매우 진지하게 취급해왔다. 어떤 진화하는 생물계도 진화의 일정한 단계를 밟아서 지능, 기술 문명, 라디오 통신의 발명 등의 과정을 똑같이 순환적으로 통과해야 한다는 것이 통념이다. 이런 통념의 옹호자들은 외계인들이 우리와 겉모습이 비슷하다고 주장하지는 않지만, 외계인의 행동과 지능은 우리의 것과 유사하다고 말한다. 그러나 이런 관점은 고생물학자나 생물학자에게는 별 인기가 없는 것이었다. 왜냐하면 현생누대 기록은 그러한 예측 가능성이나 일관성의 증거를 보여주지 않기 때문이다. 나는 이런 반론에 동의하지만 SETI의 노력은 강하게 지지한다. 왜냐하면 다른 공간에 있는 생물 체계를 발견할 때에만, 우리는 진정으로 우리 자신의 생물 체계가 예측된 양상대로 변할 것인지 아닌지를 알 수 있는 방법을 찾을 것이기 때문이다.

살아 있는 화석

우리 모두는 수백만 년 동안 변화 없이 생존해온 종에 대해 들어보았다. 가령 바퀴, 투구게, 상어, 실러캔스ceolacanth, 은행나무 그리고 쇠뜨기 등이 대표적인 예이다. 일반적으로 사람들은 이 종들이 이상적인 적소(適所)niche를 발견해서 멸종을 당하지 않게 된 진화적 투쟁의 승리자들이라고 추정한다. 게다가 그 종들은 열악한 조건에서도 살 수 있고 거의 모든 음식물을 섭취할 수 있는 일반화된 유형이기 때문에 그렇게 생존해왔다고 여기기도 한다. 상어는 아마도 전형적인 살아 있는 화석일 것이다. 상어는 매우 영리하지는 않지만 강하고 쉽게 죽지 않으며 산 것이나 죽은 것 가릴 것 없이 어떤 것도 먹어 치울 수 있는 그런 동물이다. 게다가 특이한 원초적 외양을 가지고 있다.

하지만 불행히도 앞 문단에서 언급된 거의 모든 것들은 터

무니없는 소리이다! 우선, 어떠한 사례들에서도 살아 있는 종과 화석화된 종은 동일하지 않다. 미국수염상어와 귀상어처럼 서로 다른 수백 종의 살아 있는 상어가 존재하며, 그 모두는 조상 상어와 해부학적으로 구분된다. 쥐라기 때 화석화된 투구게는 현존하는 투구게와 매우 닮아 보이지만, 이는 그 두 게가 다른 일반적인 게들과 다르다는 사실에서 비롯된 대체로 주관적인 인상일 뿐이다. 자세히 들여다보면 두 게는 서로 다르다.

사실, 생명의 역사는 빠르기와 양에 있어서 다양한 범위의 진화적 변화를 겪어왔다. 실러캔스와 같이 살아 있는 화석이라고 인용되는 대부분의 종은 이런 변화 범위의 아주 느린 끝자락에 있다고 보아야 할 것이다. 그러나 이런 사실이 상이한 종류의 진화를 보여주는 것이라는 증거는 없다. 더 중요한 사실은 생명체가 멸종이라는 형벌을 면제받도록 진화되어왔다는 증거는 더더욱 없다는 점이다.

이 장에서 내가 강조하고자 하는 점은, 생명의 역사를 구성하는 진화적 사건들의 연쇄에서 우리가 정확하게 예측할 수 있는 것들은 거의 없다는 사실이다. 화석 기록의 어떤 특정한 사건을 보고 "당연히 그런 식으로 일어나야 했어!"라고 말할 수는 없는 노릇이다. 만약 날아다니는 파충류가 진화하지 않았다면, 어떤 해부학자나 생리학자도 그 종들이 현존하지 않는다는 사실에 의문을 갖지 않을 것이다. 똑같은 논리로 우리는 생물학적으로 가능한 신체 형성 계획 body plan이나 유기체의 생존 방식이 모두 열거되었는지에 대해서도 모른다고 해야 할 것이다. 만약 우리가 개체의 모든 가능한 설계를 상상할 수 있다 해도 그 설계의 대부분 혹은 일부가 시도된 적이 있었는지 없었는지에 대해서는 말할 수 없다. 실제로 수레바퀴나 돛을 이용하여 움직이는 개체는 없다(물론 수레바퀴와 돛을 어떻게 정의하느냐에 따라 대답이 달라질 수 있지만 말이다). 수레바퀴와 돛은 살아 있는 개체에게 비현실적인가, 아니면 불가능한가, 아니면 물리적으로 가능할 수도 있지만 진화에 의해 아직까지 발견되지 않았을 뿐인가? 진화생물학에 존재하는 이러한 불확실성들은 더 높은 일관성과 예측 가능성에 익숙해 있는 다른 분야의 과학자들을 실망시킨다.

지난 35억 년 동안의 진화 과정이 예측될 수 없을 것이라고 주장하는 마당에 한 가지 주의 사항을 덧붙여야겠다. 겉으로 드러나는 무질서는 순전히 우리의 무지를 반영하는 것일 수 있다. 즉 우리 앞에 자료가 놓여 있음에도 불구하고 간파하지 못한 분명한 진화 양상이 있을지도 모른다. 또한 언젠가 지구 바깥의 공간에서 생명을 발견한다면, 우리는 마침내 지구 생명의 어떤 특성들이 '정상적'인지 또는 어쩔 수 없는 것들인지를 판단할 수 있을 것이다.

제3장
도박꾼의 파산과 멸종의 문제들

도박

당신이 운 좋게도 홀짝 게임을 하는 카지노 도박꾼이라고 상상해보라. 당신과 카지노 측은 이길 확률이 매번 50퍼센트로 똑같다. 만일 그런 게 있다면 그것은 0(녹색 숫자)이 없는 룰렛판일 것이다. 당신은 휠 위에 있는 두 색깔, 즉 동일한 빈도로 발생하는 빨강이나 검정만을 가지고 게임을 하게 되는 셈이다. 당신은 10달러를 가지고 게임에 뛰어들어서 그중 1달러를 빨강에 걸었다. 만일 휠이 빨강에서 멈추면 당신은 1달러를 벌어 총 11달러를 손에 쥔다. 반면에 만일 검정에서 멈추면 당신은 1달러를 잃고 남은 돈은 총 9달러가 된다. 이런 식으로 계속하면 당신이 손에 쥔 돈의 양은 1달러 단위로 요동치고 결국 다음의 세 경우들 가운데 하나로 끝나고 만다. (1) 당신이 파산하거나, (2) 카지노가 파산하거나

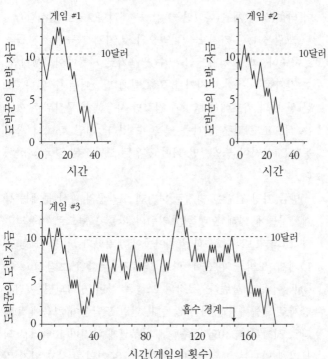

도박꾼의 파산

〈그림 3-1〉홀짝 게임으로 시뮬레이션을 한 도박의 결과(각 게임에서 이길 확률은 반반임). 도박꾼의 초기 도박 자금은 10달러이고 각 게임에 거는 돈은 1달러이다. 따라서, 도박 자금은 1달러씩 위아래로 무작위적으로 요동친다. 도박꾼은 흡수 경계(0)에 도달하면 파산한다. 각 게임은 10개의 종(種)으로 시작한 어떤 속(屬)의 운명과도 같다. 종의 수는 종분화가 일어나면 많아지지만 멸종하면 줄어든다.

(혹은 너무 많이 따갔다고 쫓겨나거나), (3) 도박을 할 시간이 더 이상 없게됨(아니면 카지노를 빠져나오기로 결심함).

〈그림 3-1〉은 카지노 시나리오의 몇 가지 가능한 결과들을 보여준다. 개인 컴퓨터의 난수 발생기로 시뮬레이션했지만, 그 결과들은 동전 던지기를 통해 쉽게 만들어낼 수 있다. 또한 한 벌의 카드에서 빨강과 검정만 사용해서 무작위로 꺼내는 식으로도 같은 결과를 얻을 수 있다. 게임 #3에서 잠시 동안은 성적이 좋았지만 어떤 경우든 도박꾼은 결국 파산했다.

방금 가장 간단한 형태로 나타낸 도박꾼의 파산 문제는 통계학자들에 의해 오랫동안 일종의 확률 모형으로 이용되었다. 그러다 보니 특수화된 용어들이 생겨났다. 가령 〈그림 3-1〉에서 도박꾼의 운에 따른 경로는 무작위 보행random walks이라고 불린다. 무작위 보행은 한번 시작되면 이전의 단계로 되돌아가려 하지 않는다. 만일 도박꾼이 처음에 10달러로 시작하면, 10달러 주변에 머무르게 하거나 10달러로 되돌리게 만드는 힘은 없다. 그 시스템은 기억을 갖고 있지 않다. 물론, 훌륭한 도박사들은 모두 그 점을 잘 알고 있다. 계속해서 실패했다고 해서 그 다음에 승산이 더 높아지는 것은 아니다!

〈그림 3-1〉에서 각 그래프의 가로축은 0점, 즉 도박꾼이 원래 가지고 있던 돈을 잃고 파산하는 지점을 나타낸다. 이

곳에 다다르면 되돌아가기가 불가능하기 때문이 우리는 이 것을 흡수 경계absorbing boundary라고 부른다. 이런 조건을 약간 조정할 수도 있다. 예를 들어, 파산을 할 때 그래도 더 해보라고 카지노가 1달러를 내어준다면, 그래프의 바닥은 반사 경계reflecting boundary가 된다. 즉 적어도 한 간격 위로 튀어 오른다. 이런 식으로 진짜 돈을 주는 카지노는 본 적이 없지만 그냥 한 번 더 해볼 기회를 주는 곳은 있다.

〈그림 3-1〉의 게임 #3에서 도박꾼의 자금은 10에서 1로 급격하게 떨어졌지만 다시 14까지 올라갔다가 결과적으로는 0으로 떨어졌다(흡수 경계). 도박꾼이 10달러가 아니라 9달러를 가지고 시작했고 나머지는 모두 같은 조건이었다고 해보자. 그러면 초기에 자금이 계속 감소할 때 이미 0에 도달하고 말 것이고 도박꾼은 이후의 성공(14달러까지 올라가서 그로 인해 적은 이득을 남길 기회)을 즐기지 못했을 것이다. 이것은 도박꾼이 처음에 얼마나 많은 액수로 도박을 시작했는지가 중요하다는 점을 강조한다. 더 많이 갖고 시작하면 흡수 경계까지 가는 데 더 오래 걸릴 것이고 결국 도박꾼이 파산하기까지 더 많은 시간이 걸릴 것이다.

이론적으로 카지노는 손님들이 걸 수 있는 판돈의 양을 제한함으로써 홀짝 게임에서 이득을 챙길 수 있다. 도박꾼들 가운데 전 재산을 판돈으로 쓰는 사람은 거의 없다. 대개 몇 푼 안 되는 돈을 갖고 카지노에 들어온다. 도박꾼의 파산 문제에서 상부 경계upper boundary도 흡수 경계(카지노의 파산)이지만 그 값은 일반적으로 상당히 높기 때문에 손님 개개인과 관련되지는 않는다. 하지만 전 재산의 정확히 반을 가지고 홀연히 카지노에 나타난 간 큰 도박꾼을 생각해보자. 만일 그 사람이 충분히 오랫동안 게임을 하거나 큰 판돈을 내놓을 수 있게 해준다면, 그 사람이 집을 날릴 확률은 반반이 된다.

멸종의 맥락으로 넘어와보자. 그러면 도박꾼의 자금은 진화 집단에서 생물 종의 수에 해당될 수 있다. 위의 예에서 초기 도박 자금 10달러는 지질학적인 과거에서 어떤 순간에 생존한 열 개의 종으로 구성된 하나의 속(屬)이 될 수 있다. 그리고 도박꾼의 시간 규모 대신에 수백만 년의 시간 규모가 사용될 것이다. 백만 년을 주기로 생존한 각 종이 그 다음 백만 년 동안 또 생존할 확률은 50퍼센트이다. 즉 그 종이 종분화를 해서 또 다른 종을 산출할 확률이 50퍼센트라는 말이다. 그러면 그 속의 운명은 어떻게 될까?

몇 가지 흥미로운 예측이 가능하다. 예를 들어, 종의 수(다양성)는 무작위 보행처럼 위아래로 요동칠 것이다. 멸종은 다양성을 감소시키고 종분화는 다양성을 증가시킨다. 멸종의 기회와 종분화의 기회가 반반으로 같다면 무작위 보행의 경우와 같은 결과에 이를 것이다.

그 속은 결국 멸절하고 만다. 이것은 다소 반직관적이기는 하지만 이 경우에도 종 수가 0이 되는 하나의 흡수 경계가 존재하기 때문에 그런 멸절이 따라나올 수밖에 없다. 우리가 이미 보았듯이, 무작위 보행은 위아래로 자유롭게 무한정 요동친다. 상부 흡수 경계가 없다면 무작위 보행은 결국 하부 경계 lower boundary에 다다를 수밖에 없다.

그렇다면 카지노의 자산을 나타내는 상부 흡수 경계는 이 예에서 구체적으로 어떤 것이 될 수 있을까? 그것은 이 세계에 존재하는 생명을 위한 모든 공간일 것이다. 속과 같은 진화 집단은 다른 속이 존재할 수 없을 정도로 너무나 많이 종 분화를 함으로써 "은행을 파산시킬" 수도 있다. 그렇게 되면 세계에 존재하는 모든 종이 동일한 속에 속하게 될 것이다. 그러나 이러한 사건은 카지노의 전 재산을 따먹는 사건만큼이나 일어날 확률이 적다. 따라서 실제적으로 그 속은 궁극적으로 멸절되고 만다.

무작위성 개념

자연 세계에서 무작위성의 의미는 무엇인가? 동전 던지기가 무작위적이라고들 한다. 대부분의 사람들에게 무작위성은 어떤 결과가 다른 원인 없이 순수하게 우연에 의해 발생하는 경우를 뜻한다. 그러나 동전 던지기는 확실히 무수한 원인과 결과에 의해 좌우된다. 동전이 앞면이 나올지 뒷면이 나올지는 거의 무한한 수의 물리 요소들에 의존한다. 예컨대 던질 때 어떤 면이 앞에 있었는지, 얼마나 세게 던져서 공중에서 몇 번 돌았는지, 바람이 어느 쪽으로 얼마나 세게 불고 있는지 등이 변수가 된다. 또한 동전의 상태도 중요하며 심지어 기압도 변수가 될 것이다(U자형 편자를 공중에 던져 올리는 경우는 어떤 측면에서는 동전 던지기와 유사한데, 이 경우에는 공중에서 그 편자가 몇 번 회전하는지를 잘 조절해야 좋은 경기자가 된다). 동전 던지기는 너무 복잡해서 우리는 모든 결정 요소들을 측정할 수 없거나 측정하지 않으려 한다.

우리는 오히려 동전이 이 모든 원인들 때문에 마치 무작위적으로 행동한다고 가정해도 된다고 생각한다. 이렇게 생각하면, 바람의 흐름을 비롯한 모든 세부 사항들을 무시할 수 있으며 앞면과 뒷면이 나올 개연성이 동일하다는 통계적 가정을 받아들일 수 있다. 결국 이 때문에 우리는 무작위적인 사건들을 다루는 수학적 기법을 사용할 수 있게 되며, "얼마나 자주 뒷면이 20번 연속해서 나오는가?"라는 식의 질문에 답할 수 있게 된다. 무작위성 전제는 영리한 묘안이다. 우리는 원인과 결과, 그리고 그것을 둘러싼 온갖 복잡함을 무시하기로 함으로써 흥미롭고 유익한 예측이 가능한 현상들을 추적할 수 있다.

과학자들과 철학자들은 자연 세계에서 진정으로 무작위적

인 것은 없다는 데 대체로 동의한다. 기체의 분자 운동, 빙하의 진행, 허리케인의 형성, 지진의 발생, 전염병의 확산 등은 모두 원인들을 갖는다. 지진과 질병처럼 어떤 경우에는 원인들을 조사하는 것이 가능하며 또한 유익하다. 그러나 다른 경우들에 대해서 우리는 알아야 할 모든 원인들을 알아낼 수 없거나 알아내지 않으려고 한다. 예를 들어 기체 분자 운동에서 무작위성을 전제함으로써 우리는 공학적인 활용도에 있어서 엄청나게 중요한 기체 운동 법칙(예컨대 보일의 법칙)을 도출해낼 수 있다.

자연 체계에서 무작위성을 어떻게 정의할 수 있을까? 가장 실용적인 정의는 아마도 다음과 같을 것이다. 무작위적인 사건은 확률의 관점에서 보지 않으면 예측 불가능한 사건이다. 예를 들어 일기 예보에서 비가 올 확률이 70퍼센트라고 할 때 언급되는 바로 그런 종류의 사건이다.

멸종을 도박꾼의 파산에 비유할 때 바로 그러한 종류의 확률을 다루는 것이다. 우리는 종을 사라지게 만드는 적지 않은 이유들이 있다고 전제한다. 그리고 화석 기록에 나타난 멸종의 패턴은 순수하게 무작위적인 과정에 의해서 산출된 패턴과 상당히 유사하다는 사실을 관찰한다. 당신이 결국에는 어떻게든 곤란에 빠질 것이라고 말하는 것과 어떤 종이 결국 멸종에 이르게 될 것이라고 말하는 것은 상당히 유사하다. 우리가 어떤 것의 무작위적인 행동을 가정하면 자유롭게 그 패턴을 연구 대상으로 삼을 수 있다. 이런 시도를 통해 좀 더 전통적인 사례별 연구로는 도달하기 어려운 일반화가 가능해진다.

생존을 위한 도박

방금 정의한 대로라면 어떤 속이나 연관된 종들의 집단에는 다소간의 무작위성이 존재한다. 물리·생물학적 요인들의 복합체는 어떤 속에 속한 각 종들이 얼마나 오랫동안 생존할 수 있는지, 그리고 종이 가지를 쳐서 새로운 종이 형성될지의 여부를 결정한다. 멸종은 속의 미래를 약화시키지만 종분화는 그 미래를 보호한다. 속들은 생존을 위해 투쟁하지는 않는다고들 한다. 하지만 그들은 도박을 한다.

마치 도박꾼이 어떤 극적인 성공을 거둘 수도 있는 것처럼, 단지 행운이 따르기만 해도 어떤 속(또는 어떤 다른 집단)이 상당 기간을 번영할 수도 있다. 더욱이, 마치 카지노에서 한 번에 대박이 터지는 것처럼 만일 운이 좋아 많은 종들이 산출되면, 그 속이 다음 몇 백만 년 내에 멸종할 확률은 줄어든다. 종이 많기 때문에 그 집단은 멸절하지 않게 된다.

오늘날 설치류는 살아 있는 어떤 다른 포유동물보다 더 많은 종(1,700종)을 갖고 있다. 그 다음에는 박쥐류로 대략 900

종이 속해 있다. 따라서 살아 있는 모든 포유동물 종의 거의 3분의 2는 설치류이거나 박쥐류이다. 이것이 단지 운에 불과한가? 이 두 집단이 종분화에 대박을 터뜨렸기 때문인가, 아니면 그들의 초기 역사에서 운 좋게 멸종을 피했기 때문인가? 아니면 어떤 분명한 생물학적 이유 때문에 생존과 (또는) 종분화에 단지 유능하기 때문인가?

어떤 견해가 옳은지 결정하는 데 있어서 한 가지 문제점은 무작위적 과정들의 결과는 넓은 범위를 가진다는 점이다. 즉 그 범위 안에서 어디에 위치할지를 예측하는 것은 대체로 불가능하다. 설치류나 박쥐류에 관한 질문은 다음과 같다. 그 집단의 진화 역사는 흘짝 게임의 예측된 한계 내에 있는가, 아니면 종분화의 과잉은 합당한 통계적 예측을 벗어나는가? 만일 후자가 맞는다면, 그 집단들은 뭔가 옳은 것을 하고 있어야 한다. 윌 커피는 『어떻게 멸종에 이르는가?』에서 자신이 답을 알고 있다고 생각했다. 그는 "박쥐도 역시 곧 나가떨어지고 말 것이며 모든 이들이 그 사실을 알 것이다. 박쥐 자신만 빼고."

멸종률과 종분화율을 다르게 놓기

지금까지 나는 종분화율과 멸종률이 같다고 전제하였다.

종의 탄생과 죽음에 정확히 동일한 개연성을 부과한 것이다. 이 두 과정이 서로 다른 현상인데 어떻게 이런 가정이 실재적일 수 있을까?

이런 질문에 대해 두 가지 대응이 있다. 첫번째는, 무작위 보행의 논리가 멸종 확률과 종분화 확률을 다르게 했을 때에도 완벽히 잘 들어맞는 것이다. 단지 수학만 약간 변한다. 카지노 비유로 돌아가보면 카지노는 승률에 불균형을 만들어서 자신이 이득을 볼 수 있도록 한다. 무작위 보행은 여전히 작동하지만 손님에 불리하도록 약간 편향되어 작동한다. 따라서 우리는 쉽게 종분화와 멸종의 개연성이 서로 다른 진화의 경우를 다룰 수 있다. 예를 들어, 설치류와 박쥐류의 경우 종분화가 멸종보다 더 빈번히 일어나는 상황에서 살아왔다고 생각해볼 수도 있다. 우리는 처음에 언급했듯이 설치류와 박쥐가 이득을 챙길 수 있을 만큼 단지 운이 좋았다는 점에 주목해야 한다. 몇몇 카지노 도박꾼들은 계속해서 이기고 또 이긴다.

두번째 대응은 생명의 역사에서 종분화 사건의 총수는 멸종 사건의 총수와 거의 같다고 말하는 것이다. 이것은 첫 장에서 논의된 대로 멸종한 종과 살아 있는 종의 비율이 1,000대 1이라는 데에서 따라나온다. 만일 400억 종이 과거에 형성되었고 4천만 종이 오늘날 생존해 있다면(정확한 숫자를 모른다는 사실을 염두에 두자), 그동안 400억 번의 종분화와

399억 6천만 번의 멸종 사건이 있었다. 따라서 종분화와 멸종의 장기간 평균 비율은 거의 동일했다. 그 이유야 어찌 되었건 이 숫자들은 홀짝 모형이 비합리적이지 않다는 사실을 말해준다.

경사진 막대그래프

고생물학자들은 종분화율과 멸종률을 똑같이 놓거나 다르게 놓고 종 다양성이 무작위 보행으로 인해 어떤 범위의 결과를 내는지 알아보기 위한 컴퓨터 시뮬레이션을 많이 하였다. 그 결과 어떤 집단들은 컴퓨터의 기억 용량을 넘어서도록 팽창한 반면 다른 집단들은 이내 멸절에 이르렀다. 멸절된 집단은 처음에 작은 규모로 시작했을 때 가장 흔했는데, 이는 카지노 도박꾼이 흡수 경계에 가까운 도박 자금을 가지고 시작했을 때 빨리 파산하기 쉬운 이치와 같다.

진화에서 속이나 과와 같은 집단은 정의상 단 하나의 종으로 시작한다. 이 갓난 집단이 살아남기 위해서는 창시 종이 멸종하기 전에 종분화를 해야 한다. 새로운 진화 집단이 작게 시작하기 때문에 그 집단은 일반적으로 오래 지속되지 않는다. 이것은 생명 역사의 중요한 측면을 부각시킨다. 즉 대부분의 집단은 모든 집단의 평균보다 더 짧은 수명을 갖는다

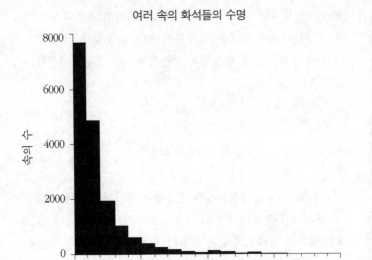

여러 속의 화석들의 수명

〈그림 3-2〉 여러 속의 화석들의 수명(지질학적 척도)을 보여주는 막대그래프. 평균 기간은 2천만 년 정도이다. 이 그래프는 한쪽으로 상당히 기울어져 있다. 즉 더 많은 속들이 평균 수명보다 더 짧은 수명을 가진다(셉코스키 2세가 표로 작성한 1만 7,505속의 수명에 기초한 그래프).

는 사실이다. 〈그림 3-2〉는 많은 속들의 수명을 나타내는 막대그래프이다. 수명을 보면 대부분의 속들은 매우 짧고 단지 몇몇 속만 꽤 길기 때문에 이 그래프는 뚜렷하게 경사가 져 있다.

변이의 경사진(비대칭적) 모양은 멸종 문제와 연관된 또
다른 중요한 생물학적 속성들에 관해서도 마찬가지이다. 그
것들은 다음과 같다.

- 한 속에 속한 종의 수
- 종의 수명
- 한 종에 속한 개체들의 수
- 종의 지리적 분포

각 범주에서 작은 '것'이 가장 많다. 다른 예를 들어보자.
생존하는 포유류 종은 대략 4,000종이고 이 종들은 1,000개
의 속에 속해 있다. 그런데 그 중에서 반은 단지 하나의 종으
로 구성되어 있고 15퍼센트 정도는 단 두 종으로 이루어져
있다. 이 숫자는 매끄럽게 줄어들기 때문에 종의 수가 25개
이상인 속은 몇 개에 불과하다(〈그림 3-3〉을 보라). 가장 많
은 종 수를 갖고 있는 살아 있는 포유류 속(크기가 작은 식충
동물)은 160개 정도의 종을 보유하고 있다. 전체적인 평균을
따져보면 한 속당 종의 수는 네 개 정도이지만 비대칭 때문
에 속의 4분의 3은 종 수가 1개에서 3개 이내로 평균 이하의
종 수를 갖는다.
  지금까지의 논의 몇 가지를 정리해보자. 이론과 관찰로부
터 다음과 같은 일반화를 만들어볼 수 있다(이들 중 몇 가지

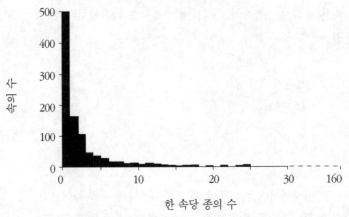

살아 있는 포유동물 속의 크기

속의 수

한 속당 종의 수

〈그림 3-3〉 살아 있는 포유동물 속의 크기 분포를 나타내는 그래프. 상당히 경사져 있다. 속의 절반 정도가 단 하나의 종으로 구성되어 있다. 10개의 종으로 구성된 속은 드물다(앤더슨과 존스의 자료에 기초한 그래프, 1969).

는 도박꾼의 파산 문제에 의존한다).

1. 대부분의 종과 속은 수명이 평균에 비해 짧다.
2. 대부분의 종은 소수의 개체들로 구성되어 있다.
3. 대부분의 속은 소수의 종들로 구성되어 있다.
4. 대부분의 종은 얼마 안 되는 지리 영역을 점유하고 있다.

변이의 분포가 경사진 경우는 자연에서 매우 흔하다. 그러나 이상하게도 대부분의 사람들은 자연 현상에서의 변이가 종 모양을 띤다고 믿도록 훈련받아왔다. 예를 들어 몸무게, 키, 날씨, 야구 등에 대해 이야기할 때 변이가 종 모양을 띤다고 한다면 그것은 평균을 중심으로 변이가 대칭적이라는 뜻이다. 불행히도 자연 세계에는 이러한 종 모양의 변이가 흔하지 않다.

전염성 질병의 잠복 기간과 암 환자의 생존 기대치는 경사진 변이의 고전적 사례들이다. 두 사례에서 대부분의 경우가 평균 이하에 해당된다. 이때 평균이 어떻게 산출되는지를 보면 이것이 무엇을 뜻하는지를 이해할 수 있다. 이때 평균은 많은 짧은 시간 간격과 소수의 긴 시간 간격을 합한 후에 총수로 나눠서 구한다(암 환자 100명이 얼마나 오래 살았는지를 나타내는 그래프를 생각해보자. 이때 평균은 각 환자들이 생존한 기간들의 합을 100으로 나눈 값이 될 것이다. 대부분의 암 환자가 평균적인 생존 기간 내에 죽었다는 것은, 암 환자의 생존 기간이 대부분 몇 년이 안 되기 때문이다—옮긴이). 따라서 이 두 사례에서 우리는 평균값보다 중간값에 해당하는 시간을 사용함으로써 더 의미 있는 이야기를 할 수 있다.

물론, 자연 세계에서 가끔씩 종 모양의 곡선(수학자들은 이를 정규 분포 또는 가우스 분포라고 부른다)이 발생한다. 그러나 아주 드물게 나타날 뿐이다. 통계학자들은 최선의 통계 검사를 할 때 많은 경우 종 모양의 곡선을 상정하기 때문에 이 문제로 인해 골머리를 앓는다. 그들은 가공되지 않은 자료를 변형시킴으로써 이 문제를 피하곤 한다. 즉 측정의 척도를 변경함으로써 결과들이 마치 종 모양의 분포를 가진 것처럼 문제를 다룰 수 있다. 예를 들어 모든 측정치들에 로그를 붙인다든지 루트를 씌운다든지 해서 그런 변형을 이끌어내기도 한다. 만일 변형된 수치들이 종 모양의 분포를 보인다면 분석자들은 그런 모양을 전제하는 검사로 분석을 시도할 수 있다.

다른 모형들

도박꾼의 파산 문제는 멸종 문제와 유관한 종에 관한 일반화로 우리를 인도했다. 하지만 많은 패턴들, 특히 경사진 분포들은 도박이나 생물학과는 관련이 없는 과정들에 의해서도 구현될 수 있다.

길이가 100인치인 막대기 위에 무작위적으로 25개의 점을 찍고 그 점들에서 막대기를 꺾어보자. 그러면 26개의 짧은 막대기가 생길 것이다. 자, 이제 그 짧은 막대기들을 측정하고 세어서 그래프를 그려보자. 막대기 길이의 변이 모양은 종과 속에 관해 보여주었던 막대그래프 모양과 매우 흡사할

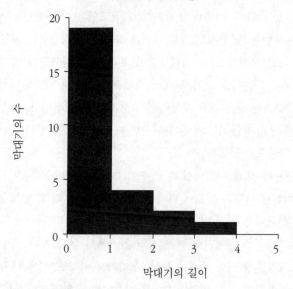

부러진 막대기 모형

막대기의 길이

〈그림 3-4〉 무작위로 선택된 25개의 점에서 막대기를 부러뜨린다고 했을 때 얻어진 시뮬레이션의 결과. 이 막대그래프는 (그 결과 얻어진) 짧은 막대기들의 크기 분포를 나타낸다. 급하게 경사진 모양은 자연 현상에 대한 막대 그래프에서 흔히 보여지는 모양을 상기시킨다.

것이다. 왼쪽은 혹이나 못과 같이 불쑥 튀어나와 있고 오른쪽으로 가면서 길게 이어지는 꼬리와 같은 모양이 나타난다. 〈그림 3-4〉는 컴퓨터 시뮬레이션의 결과를 나타낸다.

이와 같은 패턴은 미국 도시의 인구 수 분포와도 유사하며 측정하거나 셀 수 있는 그 밖의 다른 많은 것들도 이런 식의 패턴을 보인다. 이른바 부러진 막대기 모형은 이런 패턴들에 적용되어온 몇 가지 모형들 가운데 하나이다. 많은 연구자들이 어떤 모형이 가장 그럴듯한지 혹은 관찰 결과들과 가장 잘 부합하는지를 찾기 위해 노력해왔다. 이 책의 맥락에서는, 중요한 것은 많은 분포들이 경사져 있다는 점이다. 그것들은 우리 모두가 그동안 들어왔던 대칭적인 종 모양의 곡선과 딴판으로 생겼다.

멸종에 대해 여기에서 배울 수 있는 한 가지 교훈은, 어떤 동식물들은 다른 것들에 비해 선험적으로 훨씬 더 쉽게 멸종에 이른다는 사실이다. 오늘날 살아 있는 종들의 다수는 작은 개체군을 가지며 제한된 지리 영역에서 살고 있다. 우리는 그것들을 거의 보지 못한다. 우리가 흔히 보는 종들은 대개 풍부하며 널리 퍼져 있다. 그러나 그런 종의 수는 놀랍게도 얼마 되지 않는다. 그렇기 때문에 포유류와 곤충에 관한 유용한 현장 연구 안내서를 몇 권 이내의 분량으로 쓸 수 있는 것이다. 또한, 생물 환경 혹은 물리 환경이 척박해질 때 구성 개체 수가 적은 많은 종들이 멸종의 위험에 처하게 되는 이유도 여기에 있다. 그러므로 누군가가 멸종 사건으로 인해 종 다양성의 40퍼센트(혹은 80퍼센트)가 줄어들었다고 말하고자 한다면 그 40퍼센트가 무엇인지도 말해야 한다. 그 사건의 중요성은 희생자가 전세계에 걸쳐 풍부하게 분포해 있는 종인지 아니면 특정 지역에 국한된 종인지에 상당히 의존할 것이다.

성(姓)의 멸절에 관하여

18세기 후반에서 19세기 초반에 활동했던 영국의 경제학자 토마스 맬서스Thomas Malthus는 인구 증가와 그로 인한 사회적 영향에 관한 그의 이론 때문에 유명하다. 인구는 언제나 식량 공급보다 훨씬 더 빨리 증가한다는 그의 주장은 찰스 다윈이 자연선택 이론을 발전시키는 데 지대한 영향을 주었다. 따라서 맬서스의 가장 유명한 작업인 그의 『인구의 원리에 관한 에세이 Essay on the Principle of Population』가 멸종 문제에 중요한 비책을 제공한다는 것은 아이러니컬하다.

그 에세이의 작은 절은 스위스 베른 시의 인구 계산에 할애되었다. 맬서스는 1583년부터 1783년까지 200년 동안 힘깨나 썼던 집안들(상인과 장인 같은 부르주아의 구성원으로 등록된 집안들)의 이름 목록을 비교했다. 놀랍게도, 초기 목록에 포함된 집안들의 4분의 3이 결국 사라졌다(전체 인구 크기는 안정적이었다). 즉 그런 성(姓)을 가진 모든 사람들이 죽어 없어졌거나 베른을 떠났다는 이야기이다. 맬서스는 이런 현상에 대해 설명하지 않았으며 인구의 소멸보다 성장을 설명하는 일에 주력한 나머지 그냥 넘어가고 말았다.

집안 소멸률이 높게 나타나는 현상은 19세기 동안에 다른 집단에서도 보였다. 특히 좋은 자료가 축적되어 있는 유럽의 왕족과 영국의 귀족에서 그런 현상이 잘 나타났다. 모든 것들이 직관과는 정반대였다. 모든 사람들이 수백 년을 거슬러 추적할 수 있는 성(姓)을 가진 대단한 집안을 알고 있었다. 그러나 그 통계는 분명했다.

왜 성(姓)이 쉽게 소멸하는지에 대해 많은 연구자들은 상류 사회의 삶이 근본적으로 허약하다는 사실이 폭로된 것으로 해석했다. 부르주아 집안과 왕족은 자신의 아이들이 가족을 계속 꾸려 나가게 할 만큼 어떤 식으로든 오래 살기가 쉽지 않았다. 그런데 이런 해석은 프롤레타리아 계층에서 얻은 자료에서는 성이 더 안정적으로 보존되어 있음을 보인다는 암묵적 전제에 기초해 있었다. 오랜 세월 동안 이런 해석에 대해 아무도 검토하려 하지 않았다.

하지만, 프랜시스 갈톤Francis Galton과 왓슨H.W.Watson이 1875년에 출판한 고전적인 수학 연구에서 그들은 맬서스의 원래 관찰이 정확히 맞았음(하지만, 그가 설명을 제공하지 않은 것은 사실이다―옮긴이)을 보여주었다. 그리고 전체 인구에 대한 광범위한 조사가 이뤄졌을 때 갈톤과 왓슨의 결론은 입증되었다.

인간 공동체의 대부분의 성(姓)은 놀랍게도 짧은 수명을 갖는다. 새로운 성은 일반적으로 한 명 혹은 몇 명으로 시작하고 그 성이 여러 세대 동안 지속될 것인지는 변덕스런 우연에 의존한다. 예컨대, 성을 물려주는 남자아이가 얼마나 많이 태어나는지, 그리고 그 중 얼마나 살아남아 자손을 남기는지 등이 중요해진다. 집안의 크기는 무작위 보행처럼 요동친다. 만일 전체적 출생률이 인구 증가를 야기할 만큼 높다면 무작위 보행은 성을 보존하는 쪽으로 약간 편향되지만, 이런 편향은 도박꾼의 파산을 피할 만큼 강력하지는 않다. 특히 새로운 집안이 작게 출발할 때는 더욱 그렇다. 따라서 미국인들에게 친숙한 매우 큰 집안(이를테면, 스미스와 존슨)은 희귀하다. 이들 집안의 성공은 설치류와 박쥐류의 성공에 비유될 만하다.

인간의 성(姓)에 관한 마지막 이야기를 해보자. 과연 수천 년 동안 인류의 개체 수에 무슨 일이 발생할 것인가? 인간 개체군은 성의 소멸 때문에 몇몇 집안으로 축소되다가 세월이 무한정 흐른 후에는 결과적으로 단지 하나의 집안만으로 구성된 공동체로 변할 것이다. 집안의 계보를 구분짓거나 구별하는 데 일차적으로 쓰이는 것이 성이기 때문에 어떤 공동체든 그 속에 포함된 최적의 성 숫자가 존재해야 한다. 소멸로 인해 남아 있는 성이 몇 개가 안 될 때는 집안들이 갈라지고 새로운 성이 등장할 만한 강한 이유가 존재할 것이다. 이것은 진화적인 갈라짐이긴 하지만 생물 세계에서 일어나는 갈라짐과 같은지는 분명하지 않은 것 같다. 아니, 같은 유형의 것인가?

제4장
대멸종

'대멸종'은 일종의 베스트셀러이다. 대멸종은 커버 스토리와 텔레비전 다큐멘터리, 수많은 책, 심지어는 록 음악의 주제가 된다. 『디스커버 *Discover*』지는 1989년 10월의 특집을 "십 년간의 과학: 80년대의 여덟 가지 대 착상"이라는 주제에 할당했다. 스티븐 제이 굴드의 "물불 가리지 않는 소행성 An Asteroid to Die for"이라는 제목의 글에서 나타난 다섯번째 착상은 멸종과 관련을 가진다. 1989년 말에 미국 연합통신사는 "지난 십 년간의 10대 과학적 진보" 중 하나로 대멸종을 지목하였다. 『이코노미스트 *Economist*』에서 『내셔널 지오그래픽 *National Geographic*』에 이르기까지 모두가 이에 무게를 실어준 바 있다.

멸종에 관한 대중적인 흥분에는 몇 가지 이유가 있다. 1980년에 앨버레즈 부자L. W. Alvarez & W. Alvarez와 아사로F. Asaro, 그리고 미첼H. V. Michel이 출간하여 논쟁을 불러일으킨 연구 논문이 주된 원인이었다. 이 논문은 6천 5백만 년 전에 거대한 혜성이나 소행성이 지구와 충돌하여 생명의 역사상 가장 광범위한 대멸종 가운데 하나를 유발했다고 주장하였다. 바로 그 대멸종이 공룡을 죽였다는 사실은 대중적인 관심을 유발하였다.

이후 1984년에 잭 셉코스키Jack Sepkoski와 나는 최근의 몇몇 멸종들이 대략 2천 6백만 년마다 일어났다고 주장했다. 이는 천문학자들로 하여금 태양계나 은하계 수준의 설명을 요구하였다. 가장 주목할 만한 것은 우리 태양이 작은 동반성 companion star(네메시스 Nemesis라 불림)을 가졌으며, 이것이 2천 6백만 년마다 혜성 궤도를 교란하여 지구에 혜성이 무더기로 쏟아지도록 한다는 이론이다. 그러나 이러한 주장들이 합쳐져서 더 많은 논쟁의 발단이 되었다.

이러한 과학적 사건들만으로도 대멸종에 대한 흥분을 진작시키기에 충분했으나, 최후의 심판일 시나리오가 문화적으로 자연스런 호소력을 갖는다는 점을 포함한 다른 설명들이 등장하였다. 거대한 대멸종은 확실히 압도적인 사건이다. 그런데 만일 대멸종이 혜성과의 충돌에 기인하는 것이라면 순간적이며 극적이기까지 할 것이다. 이것이 다시 일어날 수 있을 것인가? 그렇다면 도대체 언제?

전 지구적인 전쟁과 핵겨울에 대한 대중적 공포가 우리 모두로 하여금 전 지구적 재앙에 대한 논의에 민감하게 한다는 의견도 있다. 그렇다면 지구 온난화와 온실 효과는 아마도 그 둘의 혼합에 해당할 것이다.

고생물학자에게 대멸종이 몇 번이나 있었느냐고 물으면 한결같이 다섯 번이라고 대답한다. 오르도비스기, 데본기, 페름기, 트라이아스기, 백악기에 각각 한 번씩으로 이들은 5대 대멸종Big Five으로 알려져 있다. 그 사이에는 무슨 일이 있었는지 물으면 고생물학자는 '배경 멸종background extinction'이라 불리는 연속적인 낮은 단계의 멸종과, 배경 멸종보다 강도가 더 세지만 대멸종이라고 하기엔 충분치 않은 몇몇 사건이 있었다고 답할 것이다.

〈그림 4-1〉은 다양한 규모의 멸종이 일어난 시기를 보여준다. 화살표가 5대 대멸종에 해당하는데, 페름기 말(2억 4천 5백만 년 전)의 대멸종이 가장 큰 것이었다. 짧은 화살표들은 상대적으로 작은 사건들에 해당하며 멸종 강도에 따라 화살표 길이가 달라진다.

이는 몇 가지 질문을 낳는다. 도대체 멸종은 어떻게 측정되는가? 높은 수준의 멸종이 '사건event'이라는 말에 어울릴 정도로 충분히 짧은 기간에 일어난 것인가? 대규모 멸종과 소규모 멸종 사이에는 규모 이외의 근본적인 차이가 있는가? 이러한 질문들에 달려들기 전에 거대한 대멸종 하나에 대해 간략하게 알아보기로 하겠다.

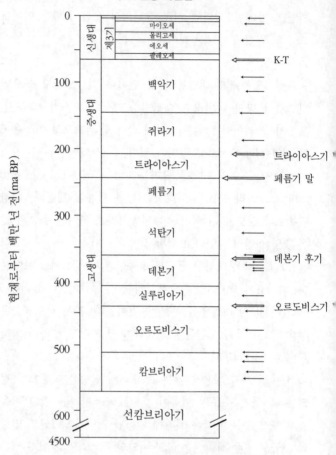

주요 멸종 사건들

〈그림 4-1〉 현생누대 Phanerozoic의 주요 멸종 사건을 보여주는 지질 연대
표. 화살표 길이는 대략적으로 멸종의 강도에 비례한다. 이름을 붙인 사건들
이 5대 대멸종이다(Sepkoski, 1986이 구축한 유사한 연대표를 개작한 것임).

K-T 대멸종

5대 대멸종 가운데 가장 기록이 잘 남아 있는 대멸종은 백악기 말에 있었다. 이는 백악기 Cretaceous(석탄기 Carboniferous period, 캄브리아기 Cambrian period와의 혼동을 피하기 위해서 약자를 K로 씀)와 제3기 Tertiary period, T 사이의 경계를 나타내기 위해 종종 K-T로 불린다. K-T 대멸종은 5대 대멸종 중에서 가장 최근에 있었기 때문에 그 시기의 암석과 화석이 가장 잘 보존되어 있다. 또한 백악기는 대륙이 얕은 바다에 잠겨 있던 시기로 퇴적물이 널리 분포해 있으며 현재의 육지 표면에 좋은 해양 기록을 남겼다.

육지와 해양에 있는 사실상 모든 동식물 집단이 백악기 말 또는 그 무렵에 종(種)과 속(屬)들을 잃었다. 해양 동물은 38퍼센트의 속이 멸종하는 처지에 이르렀으며 육상 동물의 경우에는 약간 더 많은 타격을 입었다. 하나의 속이 소멸하려면 그에 속한 모든 종의 모든 개체가 절멸해야 한다는 점을 생각하면 이는 큰 수치이다. 확신할 만큼 화석 기록이 충분히 좋지는 않지만 육상 식물의 경우엔 조금 나았던 것으로 보인다.

해양의 종과 속 가운데 해양 파충류, 어류, 해면 동물, 달팽이, 조개, 암모나이트(오징어와 먼 친척인 연체동물), 성게, 유공충(대체로 단단한 골격을 가진 단세포 동물) 등이 집중적으로 손실되긴 했으나 어떤 집단도 이 멸종을 피하지는 못했다. 가장 주목할 만한 것은 모든 종을 잃은 큰 집단인 과(科)와 목(目)의 경우이다. 해양 파충류〔플레시오사우루스, 모사우르스, 어룡(魚龍)〕와 암모나이트, 그리고 한때는 번성했던 몇몇 다른 집단이 완전히 절멸했다. 어떤 것들은 백악기 말 이전부터 쇠퇴하고 있었으며 어떤 것들은 돌연히 소멸했다.

육상에서는 공룡이 가장 명백한 희생자이지만 다양한 다른 파충류와 포유류, 그리고 양서류도 대량 손실을 경험했다. 북미 서부에서는 백악기 말 또는 그 무렵에 포유류의 모든 속 가운데 3분의 1이 완전히 사라졌다.

물론 생존자도 있었다. 악어, 개구리, 도롱뇽, 바다거북, 그리고 포유류가 일부 종의 멸종에도 불구하고 집단적으로 모두 살아남았다.

희생자와 생존자의 목록은 관점에 따라서 오해를 낳는다. 포유류가 살아남았다는 진술은 대량 손실을 감수하였다는 사실을 덮어버린다. 주요 분류 집단의 운명에 대한 지나친 강조는 대멸종의 원인 탐색 과정에서 "무엇에 의해 공룡은 죽고 포유류는 영향받지 않을 수 있을까?"와 같은 잘못된 질문을 제기하는 등 과도한 단순화로 이끌 수 있다.

더 중요한 것은 이러한 목록이 멸종의 더욱 극적인 효과,

즉 대단히 번성한 몇몇 종의 거대 절멸을 덮어버린다는 점이다. 예를 들어 많은 K-T 경계 퇴적물은 속씨식물(현화식물) 꽃가루의 감소와 양치류 포자의 급등으로 기록되는 육상 식생의 갑작스런 교체를 보여준다. 이를 '양치류의 번성'이라고 한다. 불과 몇 밀리미터의 단위 퇴적층에서 양치류 포자의 내용물이 25퍼센트에서 99퍼센트로 변화한다. 이러한 변화는 오늘날 산불 이후의 식생 변천 때문에 무성한 숲이 양치류로 대체되는 것을 떠올리게 한다.

양치류의 번성에 이어서 현화식물은 상대적으로 적은 종만을 잃은 채 다시 나타났다. 종과 속만을 셈한다면 이 사건의 상처는 간과될 것이다. 이 점이 바로 맥라렌이 대량 살해를 강조한 이유였다(1장을 보라).

또 다른 대량 살해는 해양의 표면 근처에 있는 유공충 foraminifera에서 일어났다('부유성 유공충'). 이 작은 동물은 단지 적은 수의 종만을 가질 뿐이지만 대단히 번성했기 때문에 그들의 골격이 당시의 퇴적물을 뒤덮었다. K-T 경계에서 대부분의 부유성 유공충이 완전히 살해되어 그 위 퇴적물의 색상과 일반적 외양이 현저히 달라졌다. 부유성 유공충은 더 위에 놓인 제3기 단위 퇴적층에서 유일하게 생존한, 백악기 종의 계통을 잇는 것으로 보이는 몇몇 새로운 종과 함께 다시 등장한다. 소수의 종만 관련되기 때문에 부유성 유공충은 이 사건의 전반적인 통계에 그다지 많은 것을 첨가

하지는 못한다. 하지만 그것은 생물량의 손실이라는 측면에서는 중요했다.

불행히도 화석 자료로는 죽은 개체의 수를 세거나 소실된 총 생물량을 측정하기가 매우 힘들다. 양치류의 번성과 부유성 유공충의 사례는 지질학적 과거에 있었던 유별난 소멸의 경우를 힐끗 보여줄 뿐이다. 그러므로 종과 속, 그리고 더 큰 분류 집단들을 검토함으로써 희생자와 생존자에 대한 방대한 패턴 분석으로 돌아가야 한다.

여기에서 다른 5대 대멸종에 대하여 일일이 서술하지는 않을 것이다. 승자와 패자의 목록은 더 길게 늘어질 것이고 지루하기조차 할 것이며 과거로 더욱 거슬러 올라갈수록 점점 더 낯선 유기체들이 등장할 것이다. 멸종 현상에 관한 더욱 일반적인 논의로 발전할 경우에는 몇몇 사건의 패턴을 상술하겠다. 앞으로 보겠지만 모든 멸종은 속도와 결과 면에서 서로 다르다. 그러나 일반적인 해답에 이르는 패턴은 존재한다.

멸종의 측정

K-T 멸종의 정도를 측정하는 하나의 방법은 백악기 말에

생존했으나 K-T 경계 시기에 소멸한 종(또는 종 집단)의 백분율을 계산하는 것이다. 백분율은 대략적으로 아래의 표와 같다. 가장 두드러진 점은 목록의 아래로 갈수록, 즉 큰 집단에서 작은 집단으로 갈수록 살해가 증가한다는 것이다. 작은 집단은 더 큰 집단의 부분집합이다. 각각의 문(門)은 하나 또는 그 이상의 강(綱)을 포함하며 각각의 강은 하나 또는 그 이상의 목(目)을 포함하는 방식으로 계속된다.

이 수치가 무슨 의미인지를 이해하기 위해 다음과 같은 사고 실험을 해보자. 각각의 종이 열 개의 개체로, 각각의 속이 열 개의 종으로, 각각의 과가 열 개의 속으로 이루어지는 방식으로 계속되어 하나의 문이 열 개의 강을 포함하는 세계를 상상해보자. 계산해보면 개체의 수는 정확히 백만이 된다. 이제 개체가 어떤 종이나 상위 집단의 구성원인지에 관계없

집단	손실 백분율
문	0
강	1
목	10
과	14
속	38
종	65~70
개체	?

이 무작위로 살해된다고 가정해보자. 이는 '총알받이 시나리오'로 불린다. 모든 개체는 총탄이 날아다니는 전장에 있기 때문에 사망이나 생존은 운에 의존할 뿐이다. 이런 이미지는 무시무시하긴 하지만 적절한 비유이다.

이 사고 실험에서 개체 중 75퍼센트가 살해된다면 분류 집단의 멸종률은 어떻게 될까? 위에서부터 보면, 이 세계에는 하나의 문이 있는데 그 구성원 중에서 4분의 3만이 죽었으므로 문의 살해율은 0이 되어야 한다. 10개의 강 각각은 10만의 개체를 가지므로 다음과 같은 질문을 할 수 있다. 전체 사망률이 75퍼센트일 때 이 강들 중 어떤 하나가 10만 구성원 모두를 잃을 확률은 얼마나 되나? 실질적인 목적에서 볼 때 그 확률은 0이다. 따라서 K-T 시기에 전체 강의 1퍼센트(82 강 중에서 하나)가 멸종했다는 것조차도 놀라운 일이 된다.

분류 위계의 아래로 내려오면 우연에 의한 집단의 멸종은 점점 더 있을 법한 일이 된다. 맨 아래로 내려오면 어떤 종의 열 개체가 총알받이로 살해될 확률은 약 20분의 1(.056, 또는 5.6퍼센트)이 된다. 그러므로 우리의 가상 사건에서는 단지 5퍼센트의 종만이 멸종할 것이다. 무작위로 살해가 일어날 때 개체의 75퍼센트가 죽으면 전체 종의 5퍼센트가 멸종한다.

이와 같은 연습 문제의 교훈은 다음과 같다. 무작위 살해의 경우 분류 사다리의 아래로 내려갈수록 멸종률은 증가한다. 몇몇 상위 단계에서는 모든 유기체가 죽지 않는 한 멸종률이 0이 될 것이다. 이제 많은 독자들이 눈치 챘을 법한 점을 서둘러 지적하겠다. 바로 위의 사고 실험에서 사용한 수치는 비현실적이라는 점이다. 앞장에서 강조했듯이 자연에서 집단의 크기는 항상 비대칭적이며 소규모 집단이 더욱 일반적이다.

물론 총알받이 시나리오에 현실적인 수치를 넣을 수도 있다. 그러면 수학이 복잡해지긴 하지만 멸종률간의 관계는 사실상 이전과 동일해진다. 〈그림 4-2〉는 '역회박화 reverse rarefaction'라는 기법을 나타낸 것이다. 이것은 개체가 아니라 종이 무작위로 살해되었다는 가정에 기초한다. 분석을 위한 자료 값은 살아 있는 유기체 집단에서의 종, 속, 과의 실제 수치이다.

〈그림 4-2〉는 분류 수준의 따라 멸종률이 증가하는 패턴을 입증한다. 사실상 종에 대한 화석 기록은 직접적인 계산을 위해서는 너무나 불완전하기 때문에 K-T 시기에 65~70퍼센트의 종이 멸종했다는 추정은 이 그래프로부터 나온 것이다. 즉 종에 대한 추정은 무작위 종 살해 가정(총알받이 시나리오)을 사용하여 상위 단계에서 멸절한 수치를 바탕으로 이루어졌다.

많은 독자들은 페름기 말엽에 살아 있던 모든 종의 96퍼센트가 당시의 대멸종에 의해 살해되었다는 것을 듣게 될 것이

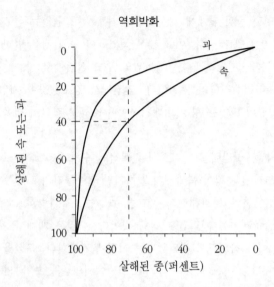

역희박화

<그림 4-2> 상위 분류 수준에서의 멸절을 셈하여 살해된 종의 백분율을 추정하는 데 사용되는 역희박화 방법. 예를 들어 어떤 속의 40퍼센트가 멸절했다는 것은 70퍼센트의 종이 멸절했다는 것을 의미한다(점선). 이 방법은 종이 어떤 속의 구성원인지에 관계없이 무작위적으로 살해된다는 단순화 가정을 이용한다. 그러므로 순수한 총알받이 시나리오가 가정되며 결과는 이 가정이 만족될 경우에 한해서만 정확하다. 페름기 말에 96퍼센트에 이르는 종이 살해되었다는 추정(Raup, 1979)은 이 그래프와 52퍼센트의 과가 절멸했다는 관측에 기초한 것이다.

다. 이 수치는 〈그림 4-2〉의 역희박화 그래프에서 비롯된 것이다. 하지만 종의 멸절이 완전히 무작위적으로 이루어지지 않기 때문에 이러한 추정은 필시 과장일 것이다. 멸종의 초

점이 특정 속과 과에 맞춰진다면 살해는 그 집단에서 집중적으로 일어날 것이다. 역희박화가 속이나 과의 멸절률로부터 살해된 종을 추정하는 것이므로 무작위(총알받이) 살해라는 가정으로 시작하면 결과는 모두 과장된다.

페름기의 96퍼센트라는 값이 널리 사용된다는 점이 나를 약간 당혹스럽게 만든다. 왜냐하면 내가 1979년에 역희박화 방법을 제안한 당사자이기 때문이다. 그 논문에서 나는 무작위 살해 가정에 대한 주의를 기울이면서 96퍼센트 추정이 상한이라고 말하긴 했으나, 너무 많은 사람들이 이 숫자를 사용할 때 그러한 단서 조항을 무시하였다. 사실 나 또한 그 점을 강조하기 위해 추후에 특별한 노력을 기울이지 않은 것 같다. 멸종의 선택성에 관한 모든 질문은 멸종 문제에서 결정적인 것이며 뒤이어 상세히 논의될 것이다.

살해에 관하여

잠시 옆으로 빗겨서서 총알받이 시나리오와 살해에 관한 이야기로 옮겨가 보자. 논의에서 사망과 살해가 두드러진다는 점은 약간은 섬뜩하게 느껴진다. 그러나 이는 1장에서도 밝혔듯이 멸종을 전통적인 관점에서가 아니라 더욱 생생한 과정으로 보고자 하는 나의 시도에 따른 것이다.

한편으로는 좀더 온화한 멸종 시나리오들이 제안되기도 하였다. 그것들은 출생률이 사망률을 따라잡지 못하기 때문에 멸종이 일어난다는 착상에 기초한다. 이러한 생각은 어떠한 개체도 실제로 살해되지 않으며 멸종은 단지 불충분한 출생에 의한 것이라는 점에서 아름답기 그지없다. 상처 입은 대상은 아무도 없다. 확실히 이러한 시나리오가 가능하긴 하지만, 나는 이 시나리오의 주된 매력이 미학적인 데 있다고 생각한다. 이는 과학 이론의 발전에서 흔히 나타나는 위험 요소이다.

이는 또한 최근 몇몇 고생물학자가 대멸종이란 새로운 종이 좀처럼 시작되지 않아서 생긴 결과일 뿐이라고 제안했다는 사실을 떠올리게 한다. 강력하진 않지만 이치에 맞는 자료가 이 이론을 지지하기 위해 제공되었다. 하지만 나는 그 추진 동기가 살해를 피하고 싶은 무의식적인 바람에 있는 것이 아닌지 의심스럽다.

대멸종의 지속 기간

K-T 멸종은 수백만 년 동안 지속되었을까, 아니면 몇 분 만에 끝났을까? 이는 성가시고도 중요한 질문인데 이에 대한 대답은 모른다는 것이다.

화석 계통의 연대표를 나타내는 많은 도표들에서는 멸종된 계통을 그린 선들이 K-T 경계에서 돌연히 멈춰버리기 때문에(예를 들어, 〈그림 1-1〉에서 공룡 계통), K-T 멸종이 순간적으로 발생했다는 인상을 받기 쉽다. 그러나 이러한 도표는 굉장히 단순화된 것이다. 대부분의 계통에서 K-T 경계에 이르기까지 선을 그린다는 것은, 백악기의 인지 가능한 마지막 시간 단위인 마스트리히티언Maestrichtian 단계(최후 9백만 년) 중 어딘가에서 그 계통이 발견되었다는 것을 의미할 뿐이다. 그 계통은 그 기간 내에서 언제든 절멸했을 수 있다. 멸종이 사실상 이처럼 긴 기간에 걸친 것이라면 K-T 멸종을 순간적인 '사건'이라고 부르기는 어려울 것이다.

고생물학자들은 K-T 경계의 정확히 어느 지점에서 종이 사라졌는지를 알아보기 위해, K-T 경계를 포함하는 노출된 암석으로부터 센티미터 단위로 화석을 철저히 수집할 수 있다. 그들이 전세계의 수많은 지점에서 이러한 작업을 한다면 대멸종의 지속과 관련된 물음에 해답을 제시할 수 있어야 한다. 그러나 불행히도 실제적인 문제들이 이러한 노력을 방해한다.

서로 다른 지점의 암석이 동일한 시대의 것이라고 확신하기에는 지질학적 연대 측정이 상당히 불확실하다. 항상 가능한 것은 아니지만 K-T 경계가 각각의 지점에서 판명될 수 있다고 하더라도, 그 경계 자체가 모든 지점에서 동일한 시기가 아닐 수도 있다. 한 지점에서 백악기의 최후 2~3백만 년에 걸쳐 퇴적된 암석이 제3기가 시작되기 전에 침식되었다고 가정해보자. 그렇게 되면 백악기 암석 중 가장 젊은 암석의 상부 표면으로 정의되는 K-T 경계는, K-T 전이가 일어난 실제 시대보다 몇백만 년 더 오래된 것이 되어버린다.

이러한 논리를 〈그림 4-3〉에서 설명하였다. 왼쪽의 암석 기둥은 완전한 연대기를 보여주는데, 흑색과 백색 띠의 교차는 서로 다른 종류의 암석이 연속됨을 나타낸다. 진짜 K-T 경계인 6천 5백만 년 전을 화살표로 표시하였다. 오른쪽의 기둥은 6천 5백만 년 전 무렵에 침식이 일어날 경우 동일한 단위 퇴적층이 어떻게 보일 수 있는지 나타낸다. 물결 모양의 선은 백악기 암석이 침식된 표면을 가리키는데, 그 위에 제3기 암석이 침식되었다. 왼쪽에서 6천 5백만 년 전에서 6천 6백만 년 전 사이에 있던 흑색 띠가 오른쪽 기둥에서는 침식에 의해 완전히 없어졌음에 주목하자. 퇴적이 다시 시작되었을 때 제3기 암석은 침식된 표면에 퇴적되었다. 결과적으로 백악기의 가장 젊은 잔여물과 제3기의 가장 오래된 잔여물은 각기 다른 시대의 암석을 인접하게 하였다. 다시 말해서, 백악기 말 이후에 형성된 암석이 백악기 말 이전에 형성된 암석 위에 놓이게 되었다. 따라서 침식 기둥은 그 연대가 침식의 깊이만큼인 수백만 년의 가공적인 백악기-제3기 경계를 포함하게 되었다.

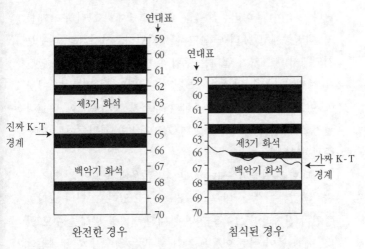

침식 효과

완전한 경우   침식된 경우

〈그림 4-3〉 백악기-제3기 경계의 위치에서 침식의 효과를 보여주기 위한 두 가지 가상적인 암석 퇴적층. 오른쪽의 단위 퇴적층에서 백악기 말 이후 이자 제3기 퇴적이 시작되기 전의 수백만 년의 기록이 소실되었다. 결과적으로 최초의 제3기 지층은 백악기 말보다 2백만 년 전에 퇴적된 암석 위에 놓인다. 이 기록의 소실은 백악기 계통의 멸종 시기에 있어 불확실성을 야기한다. 화석은 진짜 시간 경계까지 남아 있지 못한 가짜 K-T 경계를 보여줄 수도 있다.

암석 기록에서의 침식과 다른 간격들 때문에 백악기 말 무렵의 어떤 시기에 멸종이 일어났다는 것 이상의 무언가를 말해줄 만한 좋은 자료를 충분히 확보하는 것은 극히 어렵다.

몇몇 대멸종에서 나타나는 한 가지 흥미로운 특징은 유난히 긴 간격을 갖는 지층 기둥geologic column의 부분이 나타난다는 점이다. 이러한 특징은 K-T 멸종에서 그러하며 페름기 대멸종에서는 더욱 분명히 나타난다. 전세계의 대부분 지역에서 페름기가 끝나는 무렵의 기록에 대한 거대한 단편은 행방을 알 수 없으며, 그 간격은 3백만 년 또는 그 이상에 이르는 경우가 많다. 중국의 페름기 퇴적층만이 비교적 완전해 보인다(중국에는 흥미로운 지질학 파편들이 상당수 존재한다).

거대한 대멸종의 수는 적으며 그 가운데 몇몇이 긴 간격과 관련되었다는 점은 대수롭지 않을 수도 있다. 그러나 그러한 관련이 진짜라면 그것은 원인에 대해 뭔가를 말해줄 수도 있다. 예를 들어 어떤 이들은 간격 중 많은 경우가 내륙 해양의 건조화에 의한 것이기에 멸종이 전 지구적 해수면 하강에 의해 야기된 것일지도 모른다고 주장한다. 이러한 가능성에 대해서는 나중에 탐구해볼 것이다.

멸종의 돌연성은 완전한 퇴적층에서조차 평가하기 어려울 수 있다. 대부분의 경우에 그러하듯이 보존된 화석이 드문드문 존재한다면, 한 종류의 화석이 마지막으로 나타났다고 해도 그것이 멸종의 실제 시기의 기록이 아닐 수도 있다. 마지막으로 나타난 화석은 그 화석이 나타난 시기에 그 종이 여전히 생존하고 있었음을 말해줄 뿐이다.

예를 하나 들어보자. 몇 년 전에 비스케이 해변에서 열린 학술 회의에 참가한 적이 있다. 우리는 근사한 백악기 — 제3기 암석 노출면으로 현장 답사를 갔다. 그곳은 프랑스 비아리츠 근처의 스페인 추마야Zumaya였다. 이곳의 화석은 독일 연구팀과 미국 연구팀에 의해 독립적으로 철저히 수집되었었다. 관건은 백악기 멸종의 중요한 희생자인 암모나이트가 K-T 경계에 소멸했는가 아니면 훨씬 이전에 소멸했는가 하는 점이었다. 그때까지 경계 근처에서는 단지 하나의 암모나이트 표본만이 발견되었으며 나머지는 모두 적어도 10미터 아래에 위치해 있었다. 유일한 표본은 매우 빈약한 상태였기 때문에 어떤 이들은 이것이 백악기에 퇴적되었다가 침식되고 다시 퇴적된 더 오래된 화석이라고 주장하였다. 따라서 암모나이트는 백악기 말보다 훨씬 이전에 죽어서 사라졌다고 주장하는 것이 가능하였다.

독일 고생물학자인 답사 대장은 K-T 경계의 10미터 이내에서 암모나이트를 찾는 사람을 위해 최상급 스페인 브랜디 한 병을 상품으로 내놓았다. 그 경계는 비스케이 절벽에서 분명하고 뚜렷하게 드러난데다 색상과 암석 구조의 돌연한 변화로 쉽게 인식된다. 오전이 지나가기 전에 한 명이 10미터 한계 내에서 훌륭한 암모나이트 표본을 실제로 발견하였다. 충분한 인센티브가 주어졌을 때 수많은 숙련된 눈들이 단 두 시간 만에 찾아낼 수 있었던 것을 몇몇 헌신적인 고생물학자들은 수년간을 고생하고도 얻지 못했던 것이다. 비스케이 해변에서의 이 일과 다른 발견들로부터, 몇몇의 암모나이트 표본이 K-T 경계 근처에서도 발견될 수 있다는 것이 이제는 명확해졌다. 그러나 이렇게 집중적인 연구의 특혜를 입을 수 있는 상황은 그리 많지 않다.

많은 고생물학자들이 대멸종의 지속 기간이라는 주제에 대해 저마다 강한 입장을 고수하고 있다. 유능하고 정직한 과학자들이 동일한 자료를 살펴보고서는 정반대의 결론에 이르기도 한다. 나는 대부분의 경우에 갑작스런 살해가 사실에 대한 최선의 설명이라고 생각한다. 물론 내가 무의식적인 편견의 제물일 수도 있다. 이 주제의 어느 쪽이 입증 책임을 지느냐에 많은 것이 달려 있는데, 관측 결과는 양쪽 모두에 꽤 잘 들어맞도록 유도될 수 있다. 어쨌든 나는 계속해서 대멸종을 '사건'으로 취급하려 한다. 이는 대멸종이 갑작스럽게 단기간에 일어났다는 함축을 받아들이는 것이다.

대멸종은 배경 멸종과 구분되는가?

생명의 역사는 어떻게 진행되는가? 흔히 일정한 변화의 흐름이 계속되다가 간혹 빠른 속도로 방해받는 식으로 진행된다고 여겨진다. 이렇게 보면 대멸종은 역사의 표준 코스에서 튀어나온 일종의 이탈이다. 그런데 이러한 구분이 과연 사실적일까?

일상 경험에서 태풍을 비유로 들 수 있다. 태풍은 확실히 보통의 날씨 상태와는 다르다. 인도 서부나 일본에 사는 사람들은 그 지역에 나타난 태풍의 최근 역사를 읊어낼 수 있다. 그러나 태풍이 정말로 다른 폭풍과 구별되는가? 공식적으로 태풍은 뚜렷한 회전 운동을 하고 지표에서의 풍속이 적어도 64노트(시속 73마일)에 이르는 열대성 저기압으로 정의된다. 더 약한 바람의 동일한 일기 교란은 열대성 폭풍(34~63노트의 바람)이라고 하며 일련의 더 온화한 열대 사이클론도 있다. 즉 지표 바람이 33노트보다 약한 열대성 저기압, 강한 바람은 없지만 여전히 체계적인 구풍(颶風) 구조를 갖는 열대성 교란도 있다. 이러한 분류를 통해 우리는 실제로는 존재하지 않는 불연속성을 창조해낸다.

〈그림 4-4〉는 과거 6억 년에 걸친 멸종 강도의 변화를 막대그래프로 나타낸 것이다. 그래프를 만들기 위해 멸종한 해양 화석 동물 속의 백분율을 인지 가능한 시간 간격에 대해 각각 도표화하였다. 낮은 강도의 멸종이 가장 일반적으로 나타나면서 막대그래프가 비대칭적이라는 사실에 먼저 주목하자. 오른쪽으로 뻗은 꼬리 부분은 거대 대멸종을 포함한다. 막대그래프는 대멸종이 상당히 매끄러운 분포의 한 끝에 해당할 뿐임을 명확하게 보여준다.

그만한 크기의 멸종이 드물다는 점에서 5대 대멸종은 특

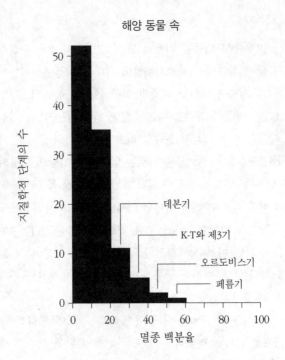

해양 동물 속

〈그림 4-4〉 106개 시간 간격(지질학적 단계 또는 부분적 단계)에서 화석 속의 멸종 강도 막대그래프. 분포는 대단히 비대칭적인데, 간격의 52퍼센트가 10퍼센트보다 더 낮은 멸종 정도를 보여준다. 막대그래프는 하위 멸종 단계(이른바 배경 멸종)로부터 5대 대멸종까지 매끈하게 경사져 내려간다. 이는 소규모와 대규모 멸종 사이에 불연속이 존재하지 않는다는 점을 나타낸다(셉코스키 2세가 제공한 자료로부터).

별한 경우에 해당된다. 그러나 희박하다는 점이 신기할 건 없다. 폭풍, 지진, 화산 폭발, 가뭄 등의 많은 자연 현상이 시간적으로는 같은 방식으로 분포한다. 작은 사건이 일반적이며 큰 것들은 드물다. 높은 강도의 끝을 경험하는 경우는 드물며 그러한 드문 경우가 특별하게 보이는 것이다. 바로 이러한 점들이 대멸종이 뭔가 다를 것이라는 일반적 인식을 낳았을 것으로 생각된다.

이와 같은 종류의 문제에 부닥쳤을 때 하천공학자와 수문학자들이 홍수를 다루는 데 채택하는 방식이 단연 최상의 해결책이 된다. 먼저 그들은 하천의 모든 가능한 유입률 기록을 모아 정리한다. 그 다음에 몇 년마다 (평균적으로) 필적하거나 초과하는 범람 수위를 나타낼 수 있도록 강도를 조정한다. 그래서 10년에 해당하는 범람은 (평균적으로) 10년마다 발생하도록, 100년에 해당하는 범람은 100년마다 발생하도록 조정한다. 이 시간 간격을 통상 반복 시간return time 또는 대기 시간waiting time이라 하는데, 주어진 범람 수위가 다시 도래할 때까지 기다려야 할 것으로 예상되는 시간 길이를 뜻한다. 이러한 체계는 규모가 커짐에 따라 사건이 희박해지는 모든 현상에 적용된다. 이것은 멸종에서도 정확히 들어맞는다.

수문학자들은 '극한값 통계extreme-value statistics'라는 기법을 사용하여 역사적으로 입수 가능한 기록의 길이를 넘어서는 대기 시간에 대해 합리적인 추측을 한다. 예를 들어, 100년 동안의 하천 수위 기록만 있을 때 1,000년에 해당하는 범람에 대한 대기 시간을 추정하는 것이다. 이런 방식의 추정은 불완전하지만 시도 자체는 중요하다. 빈약한 예측이라도 없는 것보다는 나을 때도 있으니까.

멸종의 경우에는 과거 6억 년에 대한 좋은 기록이 있다. 따라서 1천만 년과 3천만 년마다 벌어지는 멸종 정도는 자신 있게 정의할 수 있다. K-T 멸종은 1억 년에 해당하는 사건으로 밝혀졌다. 페름기 말의 멸종은 6억 년 동안 단 한 번 있었기 때문에 6억 년에 해당하는 사건일 수 있다. 또는 10억 년만의 사건일지도 모른다. 물론 페름기 사건이 단지 2억 년만의 사건이지만 운이 좋게도 6억 년에 한 번만 일어났을 경우도 가능하다. 대기 시간이 기록의 길이에 접근하면 추정은 아슬아슬해진다.

나는 "지구상의 모든 종이 얼마 만에 멸종할 것인가?"라는 질문에 답하기 위해 멸종 자료에 대해 극한값 통계를 시도한 적이 있다. 그다지 자신은 없지만 결과는 적어도 위안이 되는 것이었다. 모든 생명을 몰살하기에 충분한 멸종이 일어나려면 평균적으로 20억 년의 간격이 있어야 한다.

살해 곡선

〈그림 4-5〉의 살해 곡선 kill curve(이름에서 알 수 있듯이 내가 고안한 것임)은 일련의 대기 시간 동안 평균적으로 얼마나 많은 종들이 살해되었는지를 묘사한다. 이 곡선은 대략 2만 개의 속 멸종 기록에 대한 자료를 내삽하여 종 수준에서 구축된 것이다.

대멸종이라 불리는 사건은 살해 곡선의 위쪽에 위치하며 배경 멸종으로 불리는 것은 그래프의 왼쪽 아래 근처에 위치한다. 이 곡선에는 대멸종이 더 작은 규모의 멸종과 차이를 갖는다는 점을 정당화할 만한 구분이 나타나지 않는다. 만약 그러한 불연속이 존재한다면(실제로 존재할 수도 있다), 우리의 화석 기록은 그 불연속을 보여주지 않는다.

곡선에서 10만 년(10의 5승으로 표시됨)과 그보다 짧은 대기 시간의 경우에 멸종이 무시할 만할 정도라는 점에 유의하자. 이는 마치 한 개인의 인생에서 통상적인 일주일 동안에는 폭풍이나 대규모 지진이 없는 것처럼, 전형적으로 10만 년 간격 내에서는 멸종이 거의 일어나지 않는다는 것을 의미한다. 물론 살해 곡선은 대멸종의 발생 시기를 예측하지는 않는다. 곡선은 주어진 길이의 시간 안에서의 평균적인 발생 가능도를 보여줄 뿐이다.

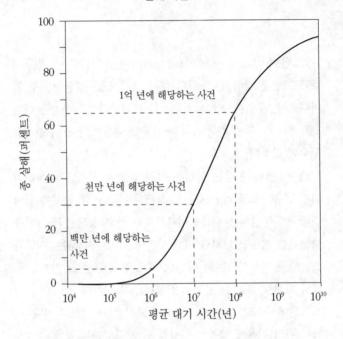

살해 곡선

〈그림 4-5〉 과거 6억 년간 해양 유기체의 멸종 역사를 요약한 살해 곡선. 다양한 멸종 강도의 사건들에 대한 평균 시간 간격(대기 시간)을 보여준다. 예를 들어, 약 5퍼센트의 종 살해는 백만 년(10의 6승)마다 발생한다. 5대 대멸종은(페름기 멸종을 제외하고는) 근사적으로 1억 년에 해당하는 사건으로 평균 65퍼센트의 종이 살해되었다(셉코스키 2세가 제공한 자료에 기초함).

살해 곡선의 가장 중요한 메시지는 대부분의 경우(곡선의 아랫부분) 멸종의 위험은 적다는 것이다. 그리고 이렇게 상대적으로 안전한 상황은 멸종이라는 대단히 큰 위험에 의해 드물게 중단된다. 오랜 시간의 권태가 때때로 공황에 의해 중단되는 것이다. 멸종의 원인에 대한 그 어떠한 설명도 그럴듯하기 위해서는 이러한 패턴을 수용해야만 한다.

이 장에서는 대멸종을 정의하고 묘사하는 복잡한 문제에서 주요한 점만을 다루었다. 비록 측정하기 어렵고 얼마나 지속되었는지 등에 대한 지식도 불완전하지만, 생명의 역사에서의 대멸종은 분명히 일어났다. 대멸종에서 소규모 멸종을 거쳐 배경 멸종에 이르기까지, 멸종 규모는 감지하기 어려울 정도로 완만하게 줄어드는 것으로 보인다. 따라서 65퍼센트의 종 살해와 같은 임의적인 중단이나 1억 년 정도의 임의적인 대기 시간에 동의하지 않고서는 대멸종을 정의하는 것은 불가능하다.

임의적인 규칙을 통해 대멸종을 정의할 수 있다는 점을 받아들이더라도 멸종의 생물학적 결과에 있어서는 여전히 중대한 불연속성이 존재한다. 어떤 종의 소멸로 인해 생태계의 근본 구조가 파괴되어, 점진적인 소규모 소멸에 의해서는 일어나지 않는 중대한 진화적 결과가 나타날지도 모른다. 현단계의 지식으로 구성하기는 어려울지 몰라도 이 같은 맥락에서 흥미롭고 그럴듯한 시나리오들을 고안해낼 수 있을 것이다. 뒤에서 이 주제로 다시 돌아오겠다.

제5장
멸종은 선택적으로 일어나는가?

"불량 유전자냐, 아니면 불운이냐?"라는 질문의 핵심 쟁점은 멸종이 선택적이냐 하는 것이다. 다양한 생물 가운데 희생자는 무작위로 선택되는가, 아니면 특정 유기체나 특정 서식지가 더 위험한가? 멸종으로부터 면제된 종은 있는가, 그렇다면 그 면제의 본성은 도대체 무엇인가? 4장에서 논의된 총알받이 시나리오는 완전한 무작위성을 가정하였다. 이것이 얼마만큼 진실에 가까운지를 안다면 멸종과 그 원인에 대하여 더 많은 것을 알 수 있을 것이다. 또한 선택성 쟁점은 진화에서의 멸종의 역할과 관련된다. 멸종이 덜 무작위적일수록 좋건 나쁘건 진화의 진행에 미칠 영향은 더 크다.

빙하기 급습

16세기에 스페인 사람들이 신대륙에 말을 처음으로 가져왔을 때, 이 커다란 동물이 인디언들에게 깊은 인상을 남겼다는 얘기가 전해 내려온다. 그런데 사실 말은 북미에 새로 나타난 것이 아니었다. 말은 그곳에 오랫동안 존재했었지만 스페인 사람들이 도착하기 몇 천 년 전에 모두 사라져버렸다. 화석 기록을 보면 북미와 남미에 말을 포함한 거대 포유류의 동물상이 꽤 발달하였으며, 이 동물상이 홍적세 빙하기 대부분의 기간 동안 생존했음을 알 수 있다. 말은 매머드 mammoth, 마스토돈 mastodon(코끼리와 유사한 모습을 한 고대 동물—옮긴이), 검송곳니호랑이 sabertooth 및 거대땅늘보 giant ground sloth와 뒤섞여서 살았다. 이 동물들이 지금까지 생존해 있다면 오늘날의 동물원은 매우 색달랐을 것이다. 로스앤젤레스 라 브리 타르 피츠에 있는 페이지 박물관 Page Museum에 가면 가장 비슷한 박제 골격들을 볼 수 있다.

홍적세 포유류의 멸종은 선택성을 보이는 좋은 예이다. 탄소-14 연대 측정이 쓸 만하기 때문에 이전의 멸종들에 대해서보다 훨씬 더 정확한 연대기를 구성할 수 있다. 당시의 멸종은 시공간적으로 흥미로운 패턴을 보인다. 예를 들어 미주 대륙은 오스트레일리아, 마다가스카르와 더불어 다른 지역에 비해 매우 극심한 피해를 입었다. 게다가 멸종이 동시적인 것도 아니었다. 오스트레일리아에서는 큰 유대류large marsupial가 대응 지역인 북미와 남미보다 수천 년 전에 이미 모습을 감췄다. 마다가스카르의 거대 여우원숭이giant lemur의 멸종은 또 다른 시기에 일어났다. 털이 무성한 매머드woolly mammoth는 중국에서는 약 1만 8,000년 전에, 영국에서는 1만 4,000년 전에, 스웨덴에서는 1만 3,000년 전에, 그리고 시베리아에서는 1만 2,000년 전쯤 절멸하였다. 많은 멸종이 전면적이었지만(예를 들어 검송곳니호랑이), 다른 것들(말과 낙타)은 하나 또는 두 대륙에서만 멸종되어 생존자들이 남은 대륙도 있었다.

북미에서 홍적세 멸종의 탄소 연대 측정은 1만 800년에서 1만 1,000년 전(기원전 8800년에서 9000년)의 한정된 시기를 보여준다. 이는 북미 최초의 인류 거주 증거(클로비스 문명)가 나타난 때보다 약간 이후 시기로, 고고학 유적은 초기 인간이 큰 매머드를 사냥, 도살했음을 보여준다. 이 유적으로 인해 인간 사냥꾼의 과잉 살육에 의한 이른바 '급습 이론blitzkrieg theory'이 멸종에 대한 설명으로 등장하였다. 급습 모형에 따르면 지리적 차이와 비동시성은 인류의 거주 패턴 때문에 생겼다고 해석된다. 아시아와 아프리카처럼 오랜 동안 계속해서 거주지가 되었던 지역은 북미의 경우처럼 인류가 뒤늦게 갑작스레 점령한 지역보다 멸종이 덜 일어났다는 것이다.

급습 이론은 논쟁의 여지가 있고 그동안 찬반 양론이 무성했다. 이에 대한 가장 정연한 대변인이자 신중한 분석가는 애리조나 대학의 폴 마틴 Paul Martin이다. 마틴은 이 문제에 대해 많은 논의를 해왔으며 반대 관점을 항상 신중하게 다루었다.

(마틴을 제외한) 많은 사람들은 홍적세의 포유류 멸절을 대멸종으로 부른다. 그러나 사실은 그렇지 않다. 극적인 손실은 포유류와 날지 못하는 큰 새들 그리고 몇몇 다른 집단으로 한정되었다. 해양 동물에게는 별다른 일이 일어나지 않았다. 포유류 중 가장 자기 중심적인 구성원인 인류만이 이 사건이 K-T 대멸종이나 다른 5대 대멸종과 대체로 유사하다는 것을 볼 수 있을 뿐이다. 그럼에도 불구하고 광대한 대륙 영역에서 일어난 대부분의 거대 초식·육식 동물들의 갑작스런 소멸이 몇몇 지상 생태계에 실질적 영향을 미쳤으리라는 점은 분명하다.

급습의 선택성

빙하기 멸종은 다른 유기체보다는 포유류에 영향을 미쳤다는 점에서, 또한 작은 포유류보다는 큰 포유류에서 훨씬 자주 일어났다는 점에서 선택적이다. 큰 포유류와 작은 포유류를 구별하는 기준점은 통상적으로 성체 몸무게 100파운드(44킬로그램)로 정해진다.

크기에 의한 선택은 종뿐 아니라 속에서도 볼 수 있다. 다음 수치는 북미 포유류에 대한 것이다.

	멸종 이전의 생물 수	사망 수	사망 백분율
작은 동물			
종	211	21	10퍼센트
속	83	4	5퍼센트
큰 동물			
종	79	57	72퍼센트
속	51	33	65퍼센트

큰 동물에서의 높은 비율은 정말 두드러지며 통계 검사가 가능할 만큼 표본은 충분히 크다. 검사는 큰 포유류에서의 멸종의 우세가 단지 우연(불운)에 기인하지 않았을 것이라는 점을 보여준다. 거대한 크기가 육상 포유류를 훨씬 심한 멸종의 위험에 처하게 한 것으로 보인다. 이미 언급했듯이, 마틴과 다른 이들은 선사 시대 사람들의 과잉 살육을 그 원인으로 지적했다.

마틴의 이론이 맞다면 인류가 개입된 홍적세 멸종은 일반적인 멸종 문제에 대해 그다지 도움을 주지 못할 것이다. 프린스턴의 재기 넘치는 지리생태학자였던 고(故) 로버트 맥아더 Robert MacArthur는 인간이 지리적으로 널리 분포한 먹이 종을 완전한 멸종에 이르게 할 수 있을 정도의 지능과 집중력을 갖는 유일한 종이라고 저술한 바 있다.

수많은 고생물학자가 급습 이론에 이의를 제기하였다. 비판은 대체로 두 가지 형태를 띤다. 첫째는 지질학 연대 측정법에 대한 평가와 관련되어 있다. 방사성 탄소 연대 측정은 방사성 동위원소에 기초한 다른 모든 연대 측정과 마찬가지로 오차 및 다양한 해석이 가능한데, 종종 논쟁의 여지가 있는 결론을 수반한다. 마틴의 논증 가운데 많은 부분이 북미 초기 인류의 연대에 의존해 있다.

급습에 대한 두번째 비판은 불안정한 기후가 더 그럴듯한 원인이라는 주장이다. 일반적으로 빙판이 녹으면 해수면이 상승하고 빙하 호수는 건조해진다. 결과적으로 생태계 파괴는 거대한 포유류에게는 치명적이었을 수 있다. 사실, 인류의 이주는 기후 상황이 나아졌기 때문에 가능했다는 점을 언급하면서 북미에서의 멸종과 인류 등장의 명백한 시간적 일치를 설명하기 위해 이와 같은 논증을 사용한다.

하지만 기후 논증은 어느 정도 사후 설명적이며 과잉 살육 이론만큼 깔끔하고 단순하지 않은 것으로 보인다. 물론 급습 이론 역시 지나치게 단순하다는 비판을 받아왔다. 내 경험에 의하면 많은 사람들은 "과학적 문제가 단순한 해답을 갖는 경우는 좀처럼 없다"고 말한다. 반면에 "선택의 여지가 있다면 단순한 설명이 십중팔구는 옳다"고 하는 사람들도 있다. 하지만 둘 다 분석적이지 않으며 수사적인 진술이다. 사람들은 어떤 이론을 옹호하거나 반박하는 논증으로 그러한 진술을 사용하고 싶어하지 않는다.

신체 크기와 K-T 멸종

이 장을 준비하면서 나는 백악기 대멸종에서 신체 크기가 결정적 요인이었는지 알아내기 위해 최근 문헌을 뒤졌다. 거대한 동물이 차별당했다는 것이 일반적으로 받아들여지긴 하지만 나는 좀더 상세한 것을 알고 싶었다. 진화에서의 신체 크기에 대하여 1986년에 마이클 라바베라 Michael LaBarbera(시카고 대학)가 발표한 리뷰에서 다음과 같은 진술을 찾아냈다.

큰 신체를 가진 유기체가 제한된 환경에 한정되는 경향이 있다면, 대멸종이 일어날 때 큰 신체를 가진 집단과 작은 신체를 가진 집단의 생존율에 차이가 있을 것이라는 것을 예측할 수 있다. 실질적으로 커다란 신체를 가진 모든 척추동물이 제거되었던 백악기 말 멸종에서는 확실히 그러했던 것으로 보인다(필자의 강조).

한편 육상 척추동물 전문의이자 버클리 대학의 고생물학자인 윌리엄 클레멘스William Clemens도 1986년에 발표한 K-T 멸종에 대한 리뷰에서 다음과 같이 진술하고 있다.

평균적인 성체의 신체 크기를 고려하든 개체의 신체 크기를 고려하든, 특정 범위의 신체 크기는 백악기 말에 생존하거나 멸종한 모든 집단에서 볼 수 있는 일반적인 특징이 아니다(필자의 강조).

위의 진술들은 멸종에서의 선택성을 진단하는 몇 가지 문제를 예증한다. 두 진술은 모두 참이다. 라바베라의 주장처럼 백악기 말엽에 실제로 멸종된 거대한 척추동물(거대 파충류)의 경우 신체 크기가 하나의 원인이 되었을 수도 있다. 반면에 클레멘스는 큰 동물과 작은 동물의 구분을 위해 홍적세의 예에서 사용된 44킬로그램 기준점과 유사한 25킬로그램이라는 기준점을 사용하였다. 이를 바탕으로 클레멘스는 K-T 사건에서 생존한 모든 분류 집단에서 성체의 신체 크기가 그 기준점을 초과하는 종이 과연 얼마나 되는지를 조사했다. 많은 종들이 그 기준을 통과했고 별다른 어려움 없이 살아남았다. 다수의 매우 큰 악어와 바다거북이 그들 중 일부이다.

두 관점은 모두 확실한가? 모두가 제 눈의 안경이다. 신체 크기를 평가하는 두 접근 모두를 위한 훌륭한 논증이 가능하다. 평균 크기가 사용되어야 할 것인가, 최대 크기가 사용되어야 할 것인가? 체중이 크기를 나타내는 최선의 척도가 되는가? 출생 당시의 크기가 중요한가, 아니면 성체가 되었을 때의 크기가 더 유의미한가? 그러나 이 질문에 대한 답을 결정하고 대표할 만한 치수 집합을 축적한 이후에도, 자료 분석 기법을 선택하는 데에는 많은 판단이 필요하다.

연구 전략을 계획하는 데 끌어다 쓸 수 있는 선택의 여지가 매우 많기 때문에 모든 전략이 동일한 해답에 이르기 위해서는 사례가 극히 명확해야 한다. 하지만 그런 사례가 없기 때문에 K-T 경계에서 신체 크기가 멸종에 얼마나 중요했는지에 대해서는 의견이 분분할 수밖에 없다.

크기 편향의 다른 예

멸종에서 크기 편향에 대해 몇 가지 다른 사례들이 알려져 있다. 암모나이트 집단에는 가장 큰 무척추동물 몇몇이 포함되었다. 어떤 것들은 지름이 몇 피트에 이르기도 했다. 모든 암모나이트가 백악기 말기에 멸절했는데 가장 큰 암모나이트는 그 당시에 존재하고 있지 않았다. 유럽테리드euryperid라는 고생대 절지동물의 멸종에서도 유사한 예를 찾을 수 있다. 거대한 게와 비슷한 이 기묘한 피조물은 그 당시까지 살았던 가장 큰 무척추동물 중 하나였지만 그 커다란 크기가 멸종의 원인이 되었다는 증거는 없다. 또한, 그 지질 시대의 말기에는 가장 큰 표본이 발견되지 않는다.

운 좋게도 확실하게 큰 신체 크기가 멸종과 실제로 관련이 있다는 점을 증명한다면 이론을 통한 설명이 즉시 가능할 것이다. 라바베라와 다른 이들이 보였듯이 신체 크기는 심각한 생리적 결과를 낳는다. 이는 근육, 골격, 힘줄의 강도와 신진대사율(일반적으로 신체 크기가 증가할수록 떨어짐)에도 영향을 미친다. 생태학 및 인구통계학의 여러 변수들 역시 신체 크기와 밀접하게 연결돼 있다. 큰 동물의 개체 수는 적으며 지리적 영역에서 더 널리 분산되어 있다. 게다가 작은 동물에 비해 번식을 위해서 더 적은 에너지를 소비하는 경향이 있다. 이 모든 점에서 볼 때 멸종과 크기의 상관 관계가 그다지 강력하지 않다는 점은 조금 놀랍다.

선택성의 다른 예

크기가 멸종에 이르는 경향을 나타내는 유일한 형질은 아니다. 예를 들어 열대 지역의 유기체가 서늘한 기후에 있는 친족보다 더 멸종하기 쉽다. 부유성 유기체는 밑바닥에 사는 수중 생물보다 더 위험에 처해 있으며, 바다의 암초 군집은 비암초 군집보다 더 약한 것으로 알려져 있다.

내 느낌으로는 이러한 주장의 대부분은 한 푼의 가치도 없다! 슬프게도 그러한 주장들을 테스트하는 것은 거의 불가능하다. 왜 그런가? 우리가 하나의 특정한 멸종 사건을 연구하고 있으며 희생자와 생존자의 목록을 갖고 있다고 생각해보자. 상위 분류 단계(강, 목, 과)에 대해 작업하고 있을 경우 그러한 목록이 꽤 짧은 경우가 많을 것이다. 게다가 최선의 연구는 한 유기체 집단에 대한 전문가들에 의해 수행될 수 있으므로 희생자와 생존자 목록은 더욱 한계를 갖는다. 숫자가 작으면 통계 검사는 힘들어진다.

일단 목록이 주어지면 공통 분모를 찾아야 한다. 생존자에 겐 없지만 희생자 대부분이 공유하는 형질이라든가, 혹은 그 반대의 경우 말이다. 이 작업은 간단하며, 포유류 신체 크기의 경우에 이미 그 결과를 본 바 있다. 하지만 문제는 유기체가 그처럼 중요한 기준이 될 수 있는 형질을 사실상 무한히 많이 갖는다는 것이다. 해부학적, 행동적, 생리적, 지리적, 생태적, 그리고 심지어는 계통적인 형질까지. 물론 희생자와 생존자의 수많은 형질을 힘이 다할 때까지 비교할 수는 있다. 목록이 대단히 길지 않다면 당연히, 사례를 만들 만큼 목록에 잘 들어맞는 하나 또는 그 이상의 형질을 찾게 될 것이다.

이 과정을 통해 흥미로운 상관 관계를 찾는다면, 그 상관 관계가 단지 우연에 의한 것일 가능성을 평가하기 위해 표준 통계 검사를 적용할 수 있다. 그러한 검사는 어떤 방식으로든 "종 사이에서 특정 형질을 무작위로 취해서, 인지된 바처럼 좋은 상관 관계를 얻을 확률은 얼마나 될까?"라는 질문을 던질 것이다. 확률이 매우 낮은 것으로 판명되면(이를테면, 5퍼센트 이하) 무작위로 취하는 것을 그만두고 관찰된 상관 관계가 참된 원인과 결과라고 결론 내리기 편해진다.

이 논리의 치명적 결점은 유망한 형질을 찾기 위해 수많은 형질을 비교해야 한다는 한계로 인해 검사가 행해질 수 없다는 점이다. 일반적인 과학 연구에서처럼, 20 대 1의 승산이 있을 때 받아들일 수 있다면, 평균적으로 스무 개의 완전히 무작위적인 조사마다 하나씩 검사를 통과해야 한다는 점을 기억하자. 이미 고려한 형질의 수를 계산해두는 것은 사실상 불가능하므로(많은 경우는 첫눈에 폐기되었을 것이다) 특정한 하나의 형질에 대한 검사 결과를 평가하는 것이 불가능하다.

이러한 문제는 고생물학만의 것이 아니다. 또한 과학에서만 볼 수 있는 것도 아니다. 나의 추론을 받아들이기 힘들다면 여러분 스스로가 실험해보기 바란다. 승자와 패자의 목록을 얻을 수 있는 야구 통계나 선거 결과와 같은 것을 무엇이든 택하자. 50 또는 100개 정도의 결과가 적절할 것이다. 그런 다음 목록을 조사하여 승자들 또는 패자들이 공통적으로 어떤 형질을 갖는지 살펴보자. 패턴이 완벽하게 일관적일 필요는 없으며, 통계적인 추세 정도를 보여주면 충분하다. 중간에 기본 규칙을 바꾸어도 된다. 도움이 된다면 승자와 패자를 다시 규정해도 좋다. 특히 결과의 작은 범주에 주목하라. 예를 들어, 야구 1위 팀과 다른 모든 팀의 형질을 비교할 수 있다. 짧은 목록(1위 팀)이 긴 목록보다는 더 많은 공통 사항을 가질 법하다. 그렇다면 과감하게 "1위를 한 팀의 감독 대부분(또는, 운이 좋다면 모두)은 장남(또는 장녀)인 반면에 다른 팀의 감독은 국민 평균을 따른다"는 것과 같은 결론을 내릴 수도 있다. 우스꽝스런 예를 하나 더 소개하겠다.

세계의 도시들이 인구 수로 순위가 매겨진다면, 어떤 도시는 '승자'이고 어떤 도시는 '패자'이다. 사람들이 후반부 반(M~Z 까지)에 해당하는 알파벳으로 시작하는 이름의 도시에 강하게 이끌린다는 연구 결과가 있다. 이는 좋은 인구 통계 데이터베이스에서는 지극히 명백한 관계인데, 다음과 같이 간단한 통계 검사로도 증명할 수 있다. 세계 전도World Wide Atlas(『리더스 다이제스트』, 1984)에 따르면 인구가 많은 7대 대도시 영역은 다음과 같다(인구가 많은 순서).

도쿄 – 요코하마 Tokyo - Yokohama

뉴욕 New York

멕시코시티 Mexico City

오사카 – 고베 – 교토 Osaka - Kobe - Kyoto

상파울루 São Paulo

서울 Seoul

모스크바 Moscow

위에서 모든 이름이 실질적으로 알파벳의 후반부 반에 해당하는 M~Z 영역에 속하는 문자로 시작한다는 점에 주목하자. 일곱 개의 대도시 영역에 포함되는 소도시들조차 첫 글자가 이 영역에 속하거나(Yokohama) 그에 가깝다(Kobe, Kyoto).

이렇게 완벽에 가까운 일치는 인구와 도시 이름을 무작위로 취해 나타난 우연한 결과라고 주장할 수도 있다. 전세계의 거의 모든 도시가 알파벳 후반부에 속하는 첫 문자를 갖는 것 역시 가능하다. 이 대안 가설들을 테스트하기 위해 동일한 출처에서 통제 표본을 택하였다. 그 다음으로 인구가 많은 7대 대도시 영역은 (순서대로) 다음과 같다.

캘커타 Calcutta

부에노스아이레스 Buenos Aires

런던 London

봄베이 Bombay

로스앤젤레스 Los Angeles

카이로 Cairo

리우데자네이루 Rio De Janeiro

리우데자네이루를 제외한 모든 도시가 알파벳 중 A~L 부분에서 뽑은 첫 문자를 가지며, 유일한 예외의 두번째와 세번째 단어조차(de Janeiro) A~L 영역에 속하는 첫 문자를 갖는다. 통제 목록에서 다른 두 이름의 두번째 단어(Aires와 Angeles)도 알파벳에서 앞부분에 위치하는 첫 문자를 갖는다는 점에 주목하자. 이것이 우연만으로 야기되었을 통계적 가능도는 너무 작으므로 무작위 가설을 거부하는 것이 당연한 일이 된다. 원인과 결과는 명백히 보여졌다.

물론 심화된 연구가 필요하지만, 알파벳에서 후반부에 속하는 이름이 부와 풍요로움에 대한 인상을 줘서 다수의 이주 인구를 매혹시키는 것으로 보인다. 리우데자네이루라는 예외가 있긴 하지만, 이 도시의 이름이 잘못 칭해져왔거나 인구가 과소평가되었을 가능성이 크다. 이 경우와 관련하여 알파벳-인구 관계가 인구 규모의 상위 극단, 즉 인구가 천만을 육박하거나 초과하는 대도시 영역의 경우에서만 나타난다는 점 역시 중요하다. 그 수준 이하에서 도시 이름은 혼합된 형태를 띠는데, 이는 아마도 그 도시들이 안정된 인구 통계적 평형 상태에 도달하지 않았음을 가리키는 것일 것이다. 14대 최대 인구 중심지 목록의 밑바닥에 위치한 리우데자네이루는 알파벳-인구 현상의 감지 한계 근처에 위치한다.

선택성에 대한 사례를 수집하는 것이 얼마나 쉬운지 이제 알겠는가? 이로써 홍적세 말에 거대 포유류가 그 크기로 인해 평균 이상의 멸종을 겪었다는 주장에 대해 회의를 품어야 할까? 포유류의 다른 형질들이 얼마나 많이 탐색되었는가? 어쩌면 진짜 원인은 식습관이나 치아 법랑질 두께였을지도 모른다. 나는 홍적세 포유류의 경우에 신체 크기가 실제로 문제가 되었으리라는 예감이 들지만 이를 증명할 수는 없다.

분류 집단에 따른 선택적 멸절

나는 한 가지 종류의 선택성에 대해서는 조금도 의심하지 않는데, 그것은 특정 시기에 몇몇 분류 집단이 우연만으로 설명되지 않는 상당히 높은 멸종률을 보인다는 것이다. 공룡을 떠올려보라. 앞에서 언급했던 버클리의 고생물학자 클레멘스는 북미 서부 내륙의 백악기 말기 암석에서 척추동물 멸종에 대해 많은 양의 훌륭한 자료를 축적해왔다. 그는 한 리뷰에서 속(屬)에 대한 수치를 제시하였는데, 아래에 잘 나타나 있다.

전체적인 평균 멸종률은 43퍼센트로 백악기 말기에 존재한 속의 전 지구적 평균을 약간 웃돌 뿐이다. 목록에 제시된 몇몇 집단의 경우 표본 크기가 작으며 우연에 의해 불규칙성이 나타났을 수도 있다. 예를 들어 아홉 종류의 태반류 포유류 가운데 하나가 멸종했으며(11퍼센트), 네 종류의 유대류 중 셋이 멸종했다(75퍼센트). 백분율에서 보여주는 큰 차이는 유대류가 (우리의 조상인) 태반류보다 훨씬 더 큰 타격을 입었다는 인상을 준다. 물론 실제로 그러했다. 그러나 통계적 신뢰성 측면에서는 그 수치가 훨씬 작다. 왜냐하면 순전히 우연에 의해 나온 값과 그 결과를 구분할 수 없기 때문이다.

그러나 어떤 차이는 우연에 의해 설명될 수 없다. 용반류(도마뱀 엉덩이 모양을 한)와 조반류(새 엉덩이 모양을 한)의 두 공룡 집단은 합쳐서 22개의 속을 가졌으며 그 22개 모두 절멸하였다. 전체적인 멸종률이 43퍼센트일 때, 22종류의 모든 집단이 단지 우연만으로 멸종해버릴 확률은 사실상 0이다. 이는 공룡이 몽땅 절멸했다는 것을 알고서 그 사실을 조정하여 공룡 사례를 검사하는 경우에조차 사실이다(확률은 0이다). 공룡의 경우엔 진짜로 뭔가가 잘못되었다는 것을 의미한다. 즉 백악기 멸종을 야기한 원인이 무엇이건 간에 공룡은 그 원인에 특히 취약했다.

이런 종류의 상황이 멸종에서 절대적이진 않더라도 일반

	멸종 이전의 생물 수	사망 수	사망 백분율
"어류"			
연골어류 Chondrichthyan	5	3	60%
견골어류 Osteichthyan	13	5	38%
양서류	12	4	33%
파충류			
바다거북류 Chelonia	18	2	11%
시악목 Eosuchia	1	0	0
악어목 Crocodilia	4	1?	25%?
이오라타설틸리아류 Eolatacertilia	1	1	100
도마뱀류 Lacertilia	15	4?	27%?
뱀류 Serpentes	2	0?	0%?
용반목 Saurischia	8	8	100%
조반목 Ornithischia	14	14	100%
익룡 Pterosauria	?	?	100%
조류	?	?	?
포유류			
미세소관목 Microtuberculata	11	4	36%
유대목 Marsupialia	4	3	75%
태반목 Placentalia	9	1	11%
합계	117	50	43%

적이다. 나는 해양 동물 화석에 대한 광대한 자료들을 통계 분석함으로써 우연만으로 일어나리라고는 생각할 수 없는 명백한 분류 선택성 taxonomic selectivity의 사례를 몇 개 더 찾아내었다. 몇 개 되지는 않지만 존재하는 것은 사실이다.

삼엽충의 불량 유전자

내가 1장에서 이미 밝혔듯이, 이 책의 제목은 내가 일찍이 삼엽충 멸종에 대해 발표한 연구 논문에서 따온 것이다. 그 사례는 분류 집단에 따른 선택적 멸절의 또 다른 예를 제공 한다.

캄브리아기(5억 7천만 년~5억 1천만 년 전)의 암석에서는 6천 종이 넘는 삼엽충이 발견되어 명명되었다. 이는 캄브리 아기에 대해 알려진 화석 종 가운데 75퍼센트에 해당하는 것 이다. 이들은 3억 2천 5백만 년 후인 고생대가 끝날 무렵에 모두 소멸했다. 삼엽충의 종 분화와 멸종률이 고생대의 다른 동물의 경우와 동일하다고 가정해보자. 그러면 자연스럽게 다음과 같은 질문이 생긴다. 삼엽충처럼 거대한 집단이 단지 운이 나빠서 멸종에 이르렀을까? 마치 부자 도박꾼이 충분 한 시간이 흐른 뒤에는 파산하고 마는 것처럼 말이다.

나는 (3장에서 기술한 무작위 보행의 선상에서 설계된) 수학적 모형을 사용하여 종 멸종이 종분화를 우연히 초과하여 삼엽충이 절멸되었을 확률을 추정하였다. 그래서 삼엽충의 사례에서 우연만이 작동하였을 가능도는 무시할 정도로 작다는 결과를 얻었다. 삼엽충이 고생대 다른 동물의 평균과 동일한 멸종 및 종분화율을 가졌으리라는 가정 자체가 잘못되었다. 삼엽충은 (어떤 이유에서든) 평균 이하의 종분화 역량을 가졌거나 평균 이상의 멸종 위험도를 가졌을 것이다. 후자의 가능성을 검사해보면 삼엽충 종들이 고생대 동물의 평균보다 14~28퍼센트 낮은 수명을 가졌다고 가정할 경우에만 멸종이 확실해짐을 알 수 있다.

나는 이상으로부터 삼엽충의 경우에는 정말로 뭔가가 잘못되었다고(또는 다른 집단들이 뭔가 더 훌륭히 해내었다고) 결론지었다. 이 대목에서 어떤 이는 불량 유전자에 표를 던진다. 물론 이러한 분석이 삼엽충은 무엇을 잘못했고 다른 동물들은 무엇을 잘했는지를 말해주지는 않는다. 그러나 이것이 시작이다. 이제 탐구해야 할 진정한 불일치가 확인된 셈이다.

몇 가지 시사점

어떤 생물 집단이 다른 집단에 비해 정말로 더 극심한 피해를 입는다면, 멸종을 야기하는 압박 stress은 그 집단 내 종들이 공유하는 형질에 부과된다. 정의에 의하면 한 집단의 구성원들은 공통 조상에 의해 서로 친척 관계이기 때문에 당연히 어떤 형질을 공유한다. 예컨대, 신진대사율이나 크기, 선호하는 서식지나 지리적 영역 등이 거의 동일할 수 있다.

이러한 추론은 거의 같은 수의 종과 속을 가졌음에도 불구하고 백악기 말에 왜 공룡은 소멸하고 포유류는 그렇지 않았는지를 이해하는 데 실마리를 제공한다. 명백히 공룡은 포유류에 비해 약점이 되는 형질을 하나 또는 그 이상 더 많이 공유하였다.

그렇다고 공룡이 열등하다거나 적응에 실패할 수밖에 없었다는 것을 의미하지는 않는다. 뭐니 뭐니 해도 공룡은 1억~1억 5천만 년 동안 성공적이었다. 만일 중생대에 살던 생물학자가 있었다면 그 중 어느 누구도 공룡의 소멸을 예측하지는 못했을 것이다.

몇 년 전에 요절한 시카고 대학의 내 동료 톰 쇼프Tom Schopf는 공룡 멸종에 대한 흥미로운 원인을 제안하였다. 그는 백악기 말 모든 공룡의 존재를 조사하고서는, 백악기가 끝날 바로 그 무렵에 여전히 공룡이 전세계에 흩어져 살고 있었는지를 증명하는 것은 실제로 불가능하다고 지적했다. 미국과 캐나다의 서부 내륙에서만 K-T 경계 바로 직전에 공룡이 살고 있었다는 명백한 증거가 존재한다. 쇼프는 북미

서부에서 벌어진 상당히 지역적인 사건이나 환경적 요동이 공룡을 살해했으며, 포유류는 세계 다른 지역에 흩어져 살게 됨으로써 보호되었다는 이론을 제안했다.

내가 아는 척추동물 고생물학자들은 백악기가 끝날 무렵 공룡이 정말로 북미에만 제한적으로 존재했다는 사실에 대해 강한 의문을 품는다. 척추동물 고생물학 분야는 내 전문 분야가 아니기 때문에 판단할 만한 좋은 근거가 내게는 없다. 그러나 쇼프의 착상이 옳은 것이라면, 불량 유전자와 불운이 기묘하게 혼합되는 상황에 처하게 된다. 즉 공룡은 불운하게도 공격을 받기 쉬운 지역에 거주했다. 그러나 이주하여 전 지구적인 분포를 유지할 만한 선천적 능력을 갖지 못했다는 점에서 그들의 유전자 또한 결함이 있는 것이었다. 이렇게 되면 추론이 금방 애매해져버리는데, 나는 우리가 제대로 된 방향으로 가고 있다고 주장하고 싶지 않다. 그렇지만 지리 분포처럼 단순한 그 무엇인가가 생존과 멸종의 차이를 쉽게 나타낼 수 있다는 것은 뚜렷하다.

또 다른 시카고 동료인 데이빗 야블론스키는 백악기의 최후 1천 6백만 년 동안 살았던 연체동물 화석에 대한 통계 분석을 실시하였다. 그는 거대한 대멸종이 있기 전에 지리적으로 넓은 영역에 걸쳐 있던 종과 속이 좁은 영역에 있던 것들보다 멸종을 더 잘 견뎌내었다는 것을 알아냈다. 그러나 적어도 종의 경우에 이 관계는 K-T 대멸종에서 중단된다. 즉 방대한 지리 분포가 평온기에는 보호책이 되었을지 몰라도 대멸종이 일어날 동안에는 그렇지 않았다. 아마도 대멸종의 원인이 되는 압박이 너무나 널리 퍼진 것이어서 어디에서도 안전이 보장되지 않았을 것이다. 그러나 속의 경우에는 대멸종 때에도 광범위한 지리 분포가 여전히 어느 정도의 보호책이 되었음을 야블론스키가 밝혀내었다. 따라서 멸종의 선택성은 분류 위계의 단계에 따라 변화한다.

요약

멸종은 정도와 경우에 따라 명백하게 선택적이다. 그러나 이를 증명하기는 극히 어렵다. 선택성의 실제 수준이 어떻든 간에 아주 두드러진 것은 아니다. 훌륭한 사례를 찾으려 할 때마다 무지가 장애가 되곤 한다. 또는 해답을 찾고자 하는 열의가 좋은 직감을 얼룩지게 만들 위험을 무릅써야 하기도 한다. 그러나 이는 전체 작업에 흥미와 도전을 던져준다. 이런 작업이 통상적으로 견고한 과학hard science이 아닌 까다로운 과학difficult science에 속한다는 것이 얼마나 멋진 일인가!

제6장
멸종의 원인을 찾아서

  과거의 고생물학자들은 화석 기록에 나타난 수많은 멸종들의 원인이 무엇인지에 대해 놀랍게도 별 관심이 없었다. 그런데 1980년에 행성 충돌에 관한 앨버레즈의 논문이 등장하면서 이러한 상황이 크게 달라졌다. 지금은 멸종 기제 mechanism에 관한 열띤 논의들이 연구자들 사이에서 세력을 떨치고 있다. 상세한 탐구는 뒤로 미루기로 하고 여기서는 일반적인 원인 탐색에 대해서만 논의하겠다.

멸종은 좀처럼 일어나지 않는다

  일반적으로 지질학자와 고생물학자는 "현재는 과거의 열쇠"라는 격언을 따른다. 그들은 실제 실행 과정을 관찰할 수 있다는 장점 때문에 이른바 현재 - 유비 present-day analogue

를 사용하여 큰 진보를 이뤄냈다. 그러나 멸종 문제에서 '현재'는 거의 도움이 되지 않는다. 왜냐하면 잘 자리 잡은 종이 자연적 원인에 의해 소멸하는 것은 인류의 시간 규모에서는 드문 사건이기 때문이다.

화석 기록에서 보면 종의 평균 수명은 약 4백만 년이다. 따라서 매년 4백만 종 가운데 대략 하나의 종만이 자연적인 절멸을 맞는다고 할 수 있다. 오늘날 4천만 종이 생존해 있다고 하면 평균 일 년에 열 개의 종만이 멸종할 것이다. 오늘날에는 인류의 영향을 받지 않고 스러지는 종은 거의 없다. 멸종 위기에 처한 종에 대한 대중의 자각이 증대되고 있는 이 시점에도 이것은 놀라운 현실이다. 하지만 현장 생물학자가 전 지구적 멸종의 순간을 포착할 가능성은 여전히 매우 희박하다.

전체적인 멸종보다 종의 일부분에서만 일어나는 대량 사망이 더욱 흔한 일이라는 점을 언급하는 것도 중요하다. 예를 들어, 1980년대 초반에 카리브해에서는 흔한 흑성게인 디아데마Diadema가 쇠락하였다. 많은 곳에서 디아데마의 사망률이 95퍼센트를 넘어섰다. 아마도 전파가 빠른 수인성 바이러스가 원인이었을 것이다. 그런데 몇 년 후 그 성게는 안전하게 멸종을 피하고 원상태로 복구되었다. 이러한 사례는 자연적인 종 멸종이 실제보다 더 빈번하다는 인상을 남긴다.

일 년에 열 개의 종이 멸종한다는 추정은 화석 기록에 나타난 생물체의 수명에 바탕을 두고 있다. 그래서 그 추정은 연구자들에 의해서 나중에 발견될 정도로 개체군의 규모가 큰 종들에 적용된다. 예컨대 보통 지리적으로 상당히 방대한 분포를 차지하고, 개체군 크기가 크며, 존속 기간이 상당히 긴 종이 이에 해당한다. 자리를 완전히 잡지 못한 수많은 종들은 여기에서 빠져 있다. 이러한 종들까지도 계산에 포함될 수 있다면 멸종이 좀더 흔한 현상으로 여겨질 것이다. 하지만 실제 현장 생물학자의 관점에서는 멸종은 여전히 드문 현상이다.

멸종에 관해 연구하는 생물학자는 다른 길을 택할 수도 있다. 하나는 멸종을 국소적으로local 연구한 후 이를 전체 종으로 외삽하여 추정하는 것이다. 연못이나 삼림 지대처럼 좁은 영역 안에서는 종들이 계속해서 등장하고 사라진다. 어떤 연못이 어떤 해에는 개구리로 가득 찼는데 이듬해에는 한 마리도 남아 있지 않을 수도 있다. 이렇게 국소적인 멸종이 어떻게 일어나는지 알아냄으로써 전 대륙의 모든 종으로 논의를 확장할 수도 있을 것이다. 그러나 부분에서 전체로의 외삽은 심각한 함정에 빠질 수 있다. 예컨대 꽃샘추위처럼 국소적인 개체군을 제거할 수 있는 원인이 그 종의 전체 서식 범위로 영향력을 발휘하는 경우는 매우 드문 일일 수 있다.

또 다른 기법은 어떤 종의 개체군 크기나 지리적 범위를 꾸준히 감시하여 그 종의 흥망성쇠를 추세로써 예측하는 방법이다. 어떤 종이 수년에 걸쳐 쇠락하고 있으면 멸종은 피할 수 없을지도 모른다. 이때 쇠락의 이유가 바로 멸종의 원인이 될 수도 있다. 그렇지만 추세는 종종 뒤바뀌기도 하기 때문에 이런 접근은 명백히 위험하다. 가령, 카리브해 성게의 극적인 쇠락은 계속되지 않았으며 멸종에 이르지도 않았다(어제 다우존스 평균 주가가 35포인트 떨어졌다. 이처럼 하루에 35포인트 떨어지는 경향이 계속된다면 뉴욕 증권 시장은 3개월 이내에 소멸할 것이다).

또 한 가지 접근은 인류의 영향에 대한 연구이다. 인위적인 멸종 사례는 입수 가능할 뿐만 아니라 우리에게 많은 것을 가르쳐준다. 그러나 이것 역시 주의가 요망된다. 이 전략은 인류 활동에 의해 생성된 환경적 압력이 자연에 의해서도 일어날 것이라는 암묵적인 가정에 바탕을 두기 때문이다. 그러한 압력 중에서 어떤 것은 실제로 발생하지만 어떤 것은 그렇지 않다. 오직 인간만이 이미 자리 잡은 종을 살상함으로써 제거할 수 있는 유일한 종이라는 로버트 맥아더의 결론을 상기해보라.

우리는 지금까지 자연 멸종이 흔치 않은 상황에서 어떤 방법으로 멸종에 관한 자료들을 얻어낼 수 있을지를 알아보았다. 다음의 세 가지이다. (1) 국소적 수준에서의 멸종 자료, (2) 쇠락 추세에 관한 자료, 그리고 (3) 인류의 영향력에 관한 자료. 그리고 이런 자료는 대체물일 뿐이며 여러 가지 위험성들도 동시에 가지고 있다.

생명의 역사에 관한 연구에서 우리가 명심해야 할 것은 확실히 몇몇 멸종 기제는 인류의 경험 내에서는 거의 일어난 적이 없다는 것이다. 지질학적 시간 규모로 보면 인류가 존재한 시간은 눈 깜짝할 사이이다. 기록된 역사는 수천 년에 불과하다. 반면에 생명은 35억 년의 수명을 갖는다. 지금까지 우리는 생명의 역사 가운데 단지 0.0001퍼센트만을 겪었을 뿐이다. 사실상 생명의 역사 중에서 우리의 0.0001퍼센트로 자연 과정에 대한 완전한 표본을 산출할 수 있으리라는 생각은 오만에 가깝다. 틀림없이 과거가 현재(그리고 미래)의 열쇠일 것이다.

단지 그럴듯한 이야기

과학이 흥미로운 이유 중 하나는 이론들, 즉 어떤 것에 대한 설명들을 생각해내는 데 있을 것이다. 많은 이론들은 "이거라면 어떨까?"라는 질문에서 비롯된 직감에서 약간 더 나아간 것이다. 어떤 것들은 설득력이 전혀 없어서 폐기되기도 하고 자연 법칙과 모순이 되기 때문에 포기되기도 한다.

그러나 어떤 직감이 초기 심사를 통과하면 사람들은 적어도 개인적으로는 이를 가설의 지위로 올려놓고 생각한다. 물론 이론의 지위를 얻기 위해서는 더욱 형식적인 시험이 기다리고 있다. 사실의 지위로 격상되는 절차는 그 다음 차례이다. 그런데 유사한 상황에서 수차례에 걸쳐 사용된 적이 있는 경우에는 시험 절차가 통계 검사처럼 표준화되어 있다. 아니면, 좋은 결과를 산출한다고 알려진 논리적 논증 순서가 있을 수도 있다. 하지만 시험 받을 가설이 새로운 형태를 띠기 때문에 새로운 시험 절차를 고안해야만 하는 경우들이 놀랍게도 흔하다.

만일 무언가를 위해 제시된 설명이 그럴듯함과 신빙성에 관한 모든 시험을 통과했다 치자. 그러면 그 설명은 올바른 것인가? 또한, 몇몇 대안적 설명들이 제시된 상황에서 어느 하나가 다른 것들보다 더욱 납득할 만하다고 하자. 그러면 그 설명이 옳을 수밖에 없는가? 두 질문에 대한 나의 대답은 단호하게 "아니오"이다.

그럴듯해 보인다고 해서 그것이 옳다고 말할 수는 없다. 형사 법정에서 정황 증거가 결정적일 수 없는 이유가 바로 이 때문이다. "기회와 동기가 있었으니까 피고가 범죄를 저질렀을 수 있을 것이고 따라서 피고는 유죄다"라고 말할 수는 없다. 이와 유사하게 멸종에 대한 수많은 설명들이 멸종이 일어날 수 있었던 방식을 제안하는 정도의 그럴듯한 논증에만 바탕을 둔다. 그런 논증들은 이른바 "단지 그럴듯한 이야기"에 불과하다. 이 냉소적인 표현은 러드야드 키플링 Rudyard

Kipling(1907년 노벨 문학상을 받은 영국의 소설가로 『정글북』 등을 썼다—옮긴이)이 코끼리 코와 호랑이 줄무늬의 기원에 대해 무용담을 늘어놓은 책의 제목에서 비롯되었다.

제시된 설명이 수많은 것들 중 최선의 것이라면 어떠한가? 네 개의 경쟁하는 설명 A, B, C, D가 있다고 하자. 그리고 우리에게는 각각이 옳은지에 대한 가능도를 정확히 평가할 수 있는 능력이 있다고 가정해보자. A가 옳을 승산은 40퍼센트이고 다른 세 경우는 각각 20퍼센트의 승산을 갖는다고 하자. 설명 A는 다른 그 어느 것보다도 두 배나 믿음직하다. 좋다. A에 대해 얼마간의 희망을 가질 수도 있다. 하지만 A가 옳다는 것에 반대되는 승산은 60 대 40이다. 따라서 다른 어떤 대안보다도 우월하다는 이유만으로 하나의 가설을 선택할 수는 없다. 그러나 어떤 것이 다른 모든 것들의 합보다 우월하다면 주목할 만하다. 이는 다수와 과반수의 문제이다.

과학 문헌 안에서 "다른 어떤 것보다 낫다"는 논리에만 의존한 대중적 논증들은 놀랍게도 많다. 여기에는 멸종을 다루는 문헌들도 포함된다.

인간 중심주의를 경계하라!

뉴스 기자를 비롯한 다양한 저자들이 지금까지 제시된 대멸종 원인의 목록을 작성하였다. 이런 목록은 그동안 얼마나 다양한 설명이 제시되었는지뿐만 아니라 얼마나 어이없는 설명이 제시되었는가도 보여준다. 예컨대 "공룡들은 혜성이 다가오는 것을 보고 두려움에 떨다가 죽었다"와 같은 설명이 그것이다. 그러나 이런 황당한 이야기와 단지 그럴듯한 이야기들을 제거하면 굵직하고 튼튼한 핵심이 남는다. 나의 동료들 대부분은 중대한 후보들로 다음과 같은 것들을 꼽는 데 동의할 것이다. 다음 목록에서 순서는 의미가 없다.

- 기후 변동, 특히 한파와 가뭄
- 해수면 상승, 하강
- 포식(捕食)
- 전염병(포식의 일종)
- 다른 종들과의 경쟁

여기에서 혜성이나 소행성 충돌에 의한 환경 효과는 일부러 잠시 동안만 빼놓았다.

목록에 오른 각 항목들은 합당하다. 그러나 여기에서 인간 본위주의의 낌새가 보인다. 전통적으로 사람들이 일상생활에서 갖는 고민과 관심은 무엇인가? 날씨(특히 추위와 가뭄), 수위(하천과 호수의 범람 또는 메마름), 야생 동물(곤충 포함)이나 다른 사람 또는 국가의 공격, 전염병, (개개인간의, 또는 다른 국가와의) 경쟁 등이다. 예상되는 멸종 원인의 목록이 단지 개인으로서의 우리를 위협하는 것들의 목록이 되어야 할까? 정복, 전쟁, 기근, 전염병을 뜻하는 「묵시록」의 네 명의 기사를 상기해보라.

앞의 목록이 인간 중심주의에 기초해 있다고 계속 비판을 하려면 그에 상반되는 멸종의 원인 목록을 작성할 수 있어야 한다. 다음 목록은 적어도 최근까지는 대중들의 두려움을 반영하지 않은 것으로서, 그럴듯하긴 하지만 대중적이지 않은 후보들이다.

- 해수의 화학적 오염
- 대기 화학 조성의 변화
- 하늘에서 떨어지는 암석
- 우주 복사
- 전 지구적인 화산 활동
- 우주로부터의 침입

이것들 모두는 한때 멸종의 동인으로 제시되었지만 과학자 공동체에서 심각하게 취급하지 않았던 것들이다. 처음 두가지는 요즘 들어 주목을 받는 것이긴 하지만 아직은 멸종 기제 표준 목록에서 큰 기여를 하지 못한다.

암석이 하늘에서 떨어진다는 것은 혜성 혹은 소행성의 충돌을 의미한다. 이 충돌 이론이 논쟁의 폭풍을 몰고 온 이유 중 하나는 그것이 우리의 경험 바깥의 것이기 때문이다. 우리들 대부분은 커다란 암석이 하늘에서 떨어지는 일은 없다고 학교에서 배웠다. 물론, 애리조나 운석구처럼 매우 드문 예외도 존재한다고 배운다. 목록에 열거된 나머지 세 후보인 우주 복사, 전 지구적 화산 폭발, 우주로부터의 침입은 억지스럽게 보이며 일부 과학자들은 이론적 근거를 통해 그것들을 논파하려 할 것이다. 그러나 그것들은 단지 낯설어 보일(그리고 있음 직하지 않아 보일) 뿐일지도 모른다. 운석 충돌의 경우처럼 우리의 경험 바깥에 있는 일들이기 때문에 말이다.

내가 제시한 인간 중심주의의 사례들이 과연 적절한지에 대해서는 독자들이 판단하기 바란다. 적어도 내게는, 우리가 우리에게 낯익은 물리적 · 생물학적 요인들에서 멸종 기제를 찾아보려는 성향을 갖고 있다고 생각된다. 어찌할 수 없는 성향인가? 편견을 없애려면 피할 수 없다 하더라도 경계는 해야 할 것이다.

다시 보는 살해 곡선

4장에서 멸종 화석 기록에서 추론한 살해 곡선을 소개한 바 있다. 편의를 위해 〈그림 6-1〉에 다시 제시한다. 살해 곡선은 주어진 강도의 멸종이 탐지되기까지 평균 몇 년을 기다려야 하는지를 말해준다. 예를 들어, 생존하는 모든 종의 5퍼센트가 멸종하려면 평균 백만 년이 지나야 한다. 달리 말해서, 5퍼센트의 멸종은 평균적으로 백만 년마다 일어난다. 앞에서 논의했듯이 대규모 멸종은 매우 드물어서 65퍼센트의 멸종(K-T 사건에 대응)에 대한 대기 시간은 1억 년이나 된다.

살해 곡선의 중요한 측면은 광대한 지질학적 시간에 비하여 짧은 간격으로 일어나는 살해를 묘사한다는 점이다. 기법상의 문제 때문에 곡선을 계산하는 데 1만 년이라는 표준 간격이 사용되었지만, 멸종이 실제로 그렇게 오래 걸린다는 것을 의미하지는 않는다. 앞에서 언급했듯이 멸종이 얼마나 지속되는지는 정말로 모른다.

살해 곡선은 살해 과정에 대한 흥미로운 시각을 제공할 뿐만 아니라 잠재적 원인이 무엇인가를 선택하는 데에도 길잡이 역할을 한다. 왜 그런지 한번 살펴보자. 만일 모든 종의 멸종 위험이 지질학적 시간들 내내 일정했다면 실제로 멸종이 다르게 나타나는 현상은 우연이라고 볼 수밖에 없다. 현생누대에서 평균 멸종률은 1만 년당 0.25퍼센트이다. 모형이 순수하게 무작위적이라면, 어떤 1만 년 간격에는 더 많이 죽어야 하지만 다른 간격에서는 더 적게 죽어야 한다. 그러나

살해 곡선

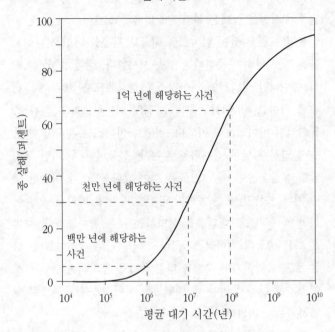

세로축: 종 살해 (퍼센트), 가로축: 평균 대기 시간(년)

그래프 내 레이블:
- 1억 년에 해당하는 사건
- 천만 년에 해당하는 사건
- 백만 년에 해당하는 사건

⟨그림 6-1⟩ 4장에 제시되었던 살해 곡선.

위험이 일정하게 유지되고 있다고 할 때 단지 우연에 의해서
모든 종의 5퍼센트 정도가 동시에 살해될 개연성은 거의 없
다. 그러므로 짧은 기간 동안에 생명의 65퍼센트가 살해되었
다는 사실은 의미심장하다. 이는 멸종의 위험이 일정하지 않

다는 점을 분명하게 말해준다. 종들은 일종의 공통 문제, 즉 멸종의 위험을 높여온 무언가에 반응하고 있다.

한편 이런 사실은 갑작스런 대규모 멸종을 어떤 시나리오들은 잘 설명하지 못한다는 점을 시사한다. 예를 들어, 한 종의 숙주에만 치명적인 바이러스를 생각해보자. 예컨대 인간에게 에이즈(AIDS)를 야기하는 HIV 바이러스가 이러한 종 특이적인 바이러스에 가깝다. 어떤 바이러스는 흔하며 한 종을 절멸시킬 만한 잠재력을 갖는다. 동물의 경우 이런 위기 일발의 상황들이 여럿 기록된 적이 있다. 그러나 이러한 멸종 기제는 한 번에 한 종에만 영향을 미친다. 따라서 종 특이적인 바이러스로 대멸종을 설명하는 것은 불가능하다. 수많은 다른 종류의 바이러스가 갑자기 진화하여 저마다 각기 다른 종을 공격하거나 수많은 다른 종들을 공격하는 단일 바이러스가 출현하지 않는 한 대멸종을 바이러스의 출현으로 설명하기는 곤란하다.

종 특이적인 멸종을 일으키는 또 다른 종류의 원인도 있다. 버뮤다 섬은 큰 소라게의 고향이다. 이 종이 생존하기 위해서는 빈 달팽이 껍질로 만들어진 집이 필요하다. 그런데 오늘날 버뮤다에는 그 게를 들어 앉힐 만큼 커다란 달팽이가 생존하지 않는다. 이런 이유 때문에 소라게는 홍적세 침전물에서 부식된 화석인, 큼직한 멸종된 달팽이 껍질을 사용한다. 하지만 이 화석 껍질은 한번 사용하면 다시는 재활용될 수 없다. 결국 화석들이 다 없어지고 나면 게는 새롭게 적응하거나(추측컨대 작아지거나) 멸절하고 말 것이다. 만일 멸절한다면 그것은 종 특이적인 압력 때문에 생긴 결과일 것이다.

앞서 살펴본 바대로 종 특이적인 원인은 살해 곡선 가장 아랫부분의 멸종은 설명할 수 있지만, 그 곡선의 윗부분에 해당되는 거대 사건은 잘 설명하지 못한다. 거대 사건의 경우에는 일종의 공통 원인이 있을 수밖에 없다. 그러한 공통의 원인은 대규모 생태계의 붕괴처럼 생물학적인 것일 수도 있지만 현저한 기후 악화나 운석 충돌처럼 물리적인 것일 수도 있다. 이에 대해서는 다음에 계속 검토해보자.

제7장
멸종의 생물학적 원인

거의 모든 압박이 멸종의 원인이 될 수 있다. 그 압박에는 물리적인 것과 생물학적인 것들이 모두 포함된다. 이번 장과 다음 장에서는 멸종 과정의 주요 요소가 될 수 있는 원인들을 검토하겠다. 논의가 대멸종에 국한되지는 않을 것이다. 대멸종 사건들이 중요하긴 하지만 모든 멸종 가운데에서는 단지 작은 부분만을 차지하기 때문이다. 살해 곡선의 계산에 따르면 5대 대멸종에는 현생누대 종 멸종의 5퍼센트도 포함되지 않는다.

나는 멸종을 야기하는 물리적 원인과 생물학적 원인을 구별할 것이다. 그러나 궁극적으로는 종 사망이 생물학적인 문제라는 점을 명심해야 한다. 문제가 근원적으로 생물학적인 것이든 순전히 물리적인 것이든 간에 개별 유기체들과 전체 종은 살아 있는 존재로서의 기능을 멈추게 된다. 예를 들어 떨어지는 돌 때문에 다람쥐가 죽는다면 그 죽음이 생물학과는 아무 관련이 없는 물리적 원인을 갖는다고 할 수 있을 것이다. 하지만 다람쥐가 돌이 떨어지는 것을 볼 만큼의 이해력을 갖지 못했다는 측면에서 보면 원인이 생물학적이었다고 주장할 수도 있을 것이다. 애매하긴 하지만 멸종에 관한 어떤 설명들은 바이러스성 전염병의 경우처럼 생물학적 요인에 가까운 반면 기후 변화를 비롯한 다른 설명들은 물리적 요인에 가깝다.

종과 생태계는 깨지기 쉬운가?

우리들 대부분은 동식물 군집 community(다른 집단과 명확하게 구별되는 일정한 동식물 집단—옮긴이)이 복잡한 균형을 유지하면서도 종속과 상호 작용의 취약한 네트워크라고 배운다. 각각의 종에게는 군집 내에서의 지위와 역할이 있는데 이는 수백만 년에 걸친 적응을 통하여 획득되어 다른 종들의 진화와 조화된 것이다. 어떤 이에게는 마치 군집 자체가 유기체인 양 진화하고 적응하는 것으로 생각될 수도 있다. 이 복잡한 네트워크의 한 부분을 제거하면 다른 부분들뿐만 아니라 전체를 잃을 수도 있다. 인간이나 자연에 의한 갑작스런 교란은 부정적 힘이며 피해야 할 파괴력이다.

자연에 대한 이러한 견해는 학교 교육, 자연 연구 프로그램, 그리고 텔레비전 다큐멘터리 등에 깊이 스며들어 있으며 계속적으로 강화되어왔으나 과장된 측면도 없지 않다. 상호 의존의 형태를 띠는 수많은 사례들이 잘 알려져 있으며 중요하다. 하지만 동식물 군집은 우리가 이렇게 일반적으로 생각하는 것보다는 다소 엉성하게 조직되어 있으며 회복력도 더 강하다. 심지어 번성하기 위해서 일정 수준의 교란이 필요한 때도 많을 정도다. 잘 알려진 예로 방크스소나무를 들 수 있는데 그 나무는 산불에 의해 고온 상태가 되어야만 발아할 씨앗을 퍼뜨린다.

전문 생태학자들은 동식물 군집의 구조에 관한 치열한 논쟁을 수년 동안 계속해왔다. 군집을 하나의 유기체로 보는 한쪽 극단의 입장에서는 같은 장소에 서식하고 있는 종들이 상당히 조직화되어 있을 것을 요구한다. 반면 다른 쪽 극단에서는 군집이란 서식지가 우연히 일치하거나 겹쳐진 종들의 집합에 불과하다. 여기서 각 종은 닥치는 대로 먹고 기회가 닿는 대로 근거지를 물색한다.

이 논쟁은 건설적이었으며 생태학의 개념적 토대에 대한 생각을 자극하였다. 그러나 때때로 논쟁은 악의로 얼룩졌다. 내가 좀 불편한 점은, 앙숙 관계의 대변인 겸 수장인 두 사람이 모두 내가 좋아하는 과학자들이라는 사실이다. 로스앤젤레스에 있는 캘리포니아 주립 대학의 재레드 다이아몬드 Jared Diamond와 플로리다 주립 대학의 댄 심벌로프 Dan

Simberloff가 그들이다. 다이아몬드는 고도로 조직화된 군집을 옹호하는 반면 심벌로프는 그와는 반대 견해를 지지한다. 하지만 이들이 각 견해에서 가장 극단적인 형태를 제시하는 이들은 아니다. 두 사람 모두 과학계가 필요로 하는 최고의 학자들이다.

종이 "깨지기 쉬운가 아니면 탄력적인가?"라는 질문은 지질학적 과거에서의 멸종 문제와 관련되어 있다. 종이 부서지기 쉽다면, 그래서 항상 멸종의 위험에 처해 있다면, 멸종을 일으키는 압박은 상대적으로 순하고 평범한 것일 수 있다. 그러나 종이 탄력적이라면 멸종을 일으키는 조건은 더욱 모질(그리고 필경 유별날) 수밖에 없을 것이다. 자연 군집이 정교한 상호 의존 네트워크라면 한 종의 손실은 다른 종들의 추가 손실로 비화될 수 있다. 그러나 군집이 고도로 통합된 것이 아니라면 멸종은 서로 독립적일 수 있다.

멧닭의 사례

북미산 멧닭heath hen이 과도한 사냥으로 인해 전멸한 경우는 멸종에 대한 고전적인 사례로서 근대에 들어 가장 잘 기록된 사례 중 하나이다. 물론 여기에서 주요 역할은 인간이 담당하였지만 이 사례가 갖는 몇 가지 복잡성은 멸종의 생물학적 원인을 소개하기에 유용하다.

식민지 시대 미국에서 멧닭은 식용 가능하고 도살이 쉬웠으며 메인에서 버지니아에 이르는 동부 해안 대부분에 걸쳐 풍부하였다. 멧닭의 지리적 분포 영역은 인구 증가에 의한 서식지 파괴와 과도한 사냥으로 인해 점진적으로 축소되었다. 1840년에 이르자 멧닭의 서식지는 롱아일랜드와 펜실베이니아 일부, 그리고 뉴저지와 몇몇 다른 지역으로 제한되었다. 1870년대부터는 매사추세츠 연안의 마서스빈야드 Martha's Vineyard 섬에만 존재하였다. 1908년, 그곳에 남은 50마리를 보호하기 위한 1,600에이커의 안전 지대가 설립될 때까지 멧닭의 수는 계속해서 감소했다.

보호를 시작한 이후에 마서스빈야드 섬에서의 개체군 수는 꾸준히 증가하였다. 멧닭이 섬 전체에 퍼져서 1915년에는 약 2,000마리에 이를 정도였다. 사냥은 오래도록 금지되었으며 안전 지대는 소방 활동에 의해 보호되었다. 거기까지는 좋았다.

이후, 1916년에 시작된 일련의 자연적 사건에 의해 멧닭은 최종적인 멸종으로 치닫게 되었다. 그 사건들은 다음과 같다. 첫째, 강풍으로 확산된 자연 화재가 사육 영역 대부분을 파괴했다. 둘째, 화재 이후에 모진 겨울이 왔고, (우연의 일치에 의해) 때아닌 육식성 참매가 유입되었다. 셋째, 개체군 수 감소와 성비 왜곡으로 인해 근친 교배가 일어났다. 넷째,

가금(家禽) 질병이 가축 칠면조에게서 전염되었고 이 때문에 남아 있던 멧닭의 대다수가 죽어나갔다. 그러다 1927년에는 수컷 열한 마리와 암컷 두 마리가 남았다. 1928년에는 단지 한 마리만이 남았으며 이 마지막 한 마리도 결국엔 1932년 3월 11일에 자취를 감추고 말았다.

멧닭의 소멸은 사실상 종 멸종은 아니었다. 이 새는 지금은 미국 중서부와 평원의 상당히 넓은 지역을 차지하고 있는, 큰초원뇌조로 알려진 팀파누쿠스 큐피도 *Tympanuchus cupido*라는 종의 몇몇 아종(또는 변종)의 하나였다. 그럼에도 불구하고 이 사례는 일반적인 멸종 문제와 관련된다.

멧닭의 멸종에서 중요한 점은 뚜렷한 두 단계에 걸쳐 멸종이 진행되었다는 것이다. 첫번째는 인간의 사냥이라는 새롭고 갑작스런 압박에 의한 파멸이었다. 이는 지리적 분포 영역을 급속히 감소시키는 데 기여했다. 반면 1916년에 시작된 두번째 단계는 최종 멸종에 이르게 한 일련의 사태로서 물리적인 것도 있었으며 생물학적인 것도 있었다. 만일 종 분포 영역이 이미 마서스빈야드 섬으로 제한되어버리지 않았더라면 이 사태 중 어느 것도 그토록 중대하지는 않았을 것이다. 즉 멧닭이 메인에서 버지니아에 이르는 영역에 두루 분포해 있었더라면 화재, 참매의 포식, 근친 교배, 그리고 가금 질병이 그렇게까지 위력적인 힘을 발휘하지는 못했을 것이다. 물론, 개체군이 국소적 압박에 의해 제거될 수도 있으며 실제로 그러한 경우도 있다. 하지만 사냥이 아니었더라면 멧닭 무리는 필시 계속해서 번영했을 것이다.

처음 한 방이 얼마나 중요할까?

멧닭의 사례가 일반화될 수 있을까? 이미 자리를 잡은 종이 멸종하려면 불운의 연타에 앞서서 지리 분포를 축소하는 최초의 한 방이 꼭 필요한가? 어쩌면 그럴 수도 있다. 단 한 가지 문제가 있다. 처음 한 방이 없었는데도, 참매의 포식이나 모진 겨울의 연속처럼 천천히 작용하는 압박이 멸종을 일으킬 수 있었을까? 이 문제는 느린 과정의 장기적인 효과의 중요성에 관한 것이다. 이는 지질학적 시간 규모에서 벌어지는 멸종에 중요한 함의를 지닌다.

많은 연구자들이 처음 한 방이 없었다면 멧닭이 실제로 멸절되지는 않았을 것이라고 주장했다. 심벌로프는 "대륙에서의 자연적 멸종은 매우 드물다"고 하였다. 여기서 "자연적"이라는 단어는 인간의 영향이 없다는 점을, "대륙"이란 말은 넓은 영역에 걸쳐 분포한다는 점을 뜻했다. 그런데 도대체 그런 멸종이 얼마나 "드물다"는 것인가? 생물학자에게는 수백에서 수천 년의 생존이 불멸에 해당한다. 반면 고생물학자에게는 그 정도면 눈 깜짝할 순간에 불과하다. 왜냐하면 생존 투쟁에서 눈곱만한 불리함이 수백 만 년에 걸쳐서 계속되면 수백 년 동안과는 달리 파국으로 끝날 수 있기 때문이다. 이것이 삼엽충의 몰락에 대한 내 결론의 요체였다. 무엇 때문이었는지는 모르나 삼엽충의 생존율은 다른 해양 생물에 비해 약간 낮았다. 비록 3억 2천 5백만 년이나 걸리긴 했지만 이 작은 차이가 삼엽충을 파국으로 인도한 것이다.

잘 자리 잡은 종이 파국으로 치닫는 데는 대체로 처음 한 방이 필요한가에 대해서 지금까지의 논의만으로는 명확하지 않다. 아직도 해결해야 할 문제인 셈이다. 하지만 우리는 처음 한 방이 이후의 파국에 가속 페달처럼 작용한다는 점을 보여주었다. 그리고 처음 한 방이 없이도 멸종이 일어날 수 있다는 점도 확인해주었다고 생각한다. 그러나 생명의 역사에서 어떤 시나리오가 가장 흔하며, 따라서 가장 중요한지는 아직 입증하지 못했다.

작은 개체군의 문제

작은 개체군에서 멸종의 위험은 보존생물학이라는 비교적 최근에 등장한 새로운 분야에 종사하는 생태학자들이 연구해왔다. 보존생물학의 목표 가운데 하나는 멸종 위험에 처한 종들을 보존할 방법을 고안하는 것이다. 이 때문에 보존생물학계에서 작은 개체군의 문제는 매력적인 쟁점이다.

보존생물학적 작업을 통해 '최소 존속 가능 개체군 Minimum Viable Population, MVP'이라는 개념이 나왔다. 이 개념은 1967년에 맥아더와 윌슨E. O. Wilson이 발전시킨 것이다. 심벌로프에 따르면, "이 지표를 넘어서는 개체군은 실질적으로 멸종에서 면제되지만, 이 지표를 밑도는 개체군은 매우 빨리 멸종해버릴 수 있다." 심벌로프는 MVP보다 작은 개체군을 멸종으로 인도하는 네 가지 주요 원인을 다음과 같이 나열한다.

1. 인구통계학적 확률성 이는 기본적으로 3장의 도박꾼의 파산에 해당한다('확률성'이라는 말은 모든 실질적인 '무작위성'을 의미한다). 개체군이 매우 작을 경우, 짝짓기, 번식, 또는 자손의 생존에서의 사소한 결함이 그 개체군의 크기를 흡수 경계치인 0으로 만들 수 있다. 다시 말해서 개체군 크기가 매우 작으면 슬며시 다가온 불운이라도 멸종을 초래할 수 있다는 것이다.

2. 유전적 악화 작은 개체군은 큰 개체군보다 유전체의 크기가 작을 수밖에 없다. 이 때문에 작은 개체군은 변화하는 조건에 적응하기 위해 필요한 유전적 변이가 모자랄 수 있다. 또한, 작은 개체군에서는 이른바 '유전자

부동'이 일어나기 쉬운데 이것으로 인해 개체군의 유전
체는 자연 선택과는 상관없이(혹은 그것에 반대 방향으
로) 무작위적인 방향으로 변할 수도 있다.

3. 사회적 역기능 개체군의 크기가 너무 작아지면 특정한
행동이 악화될 때 개체군은 치명상을 입을 수 있다. 예
를 들어, 서식지가 듬성듬성 분포되어 있는 종의 경우
에 암수가 짝짓기를 위해 서로를 얼마나 잘 찾아다니는
가에 종의 흥망성쇠가 달려 있다. 개체군이 드문드문
분포해 있으면 출생률은 감소할 것이다.

4. 외부 힘 마서스빈야드 섬에서 멧닭의 개체군 크기에
최종적으로 영향을 준 요인들을 상기해보자. 외부 힘이
란 바로 그런 요인들(화재와 질병 등)을 뜻한다. 이것은
크고 작은 다양한 교란을 일으킨다. 심벌로프 목록에서
위의 세 범주는 개체군의 크기가 작기 때문에 생겨난
것이지만 외부 힘은 개체군의 크기에 상관없이 작용할
수 있는 요인이다. 물론, 작은 개체군에는 심각한 위협
일 수밖에 없다. 대부분의 외부 힘은 지리적으로 국소
영역에서 작용하기 때문에 만일 멧닭이 마서스빈야드
에서 멀리 떨어진 곳에서 작은 개체군을 유지하며 살았
더라면 멸절에 이르지 않고 지금까지 살아남아 있을 개

연성이 있다. 심벌로프는 외부 힘 가운데 몇몇의 경우에는 종 내의 개체 수보다 오히려 종의 지리적 범위가 더 중요할 수도 있다고 지적한 바 있다.

심벌로프의 네 가지 요소가 유의미하기 위해서는 개체군이 얼마나 작아야 할까? 그동안 다양한 조건 하에서 MVP 크기에 관한 연구가 진행되었는데, 몇 가지 흥미로운 결과들이 나왔다. MVP는 유기체마다 가지각색이다. 가장 중요한 변수 중 하나는 유기체 고유의 출생률이다. 출생률이 높은 종은 어려움을 빨리 극복할 수 있으며, 전성기에는 환경의 수용 한계에 근접할 만큼 번성한다.

MVP의 다양성에도 불구하고 모든 연구는 동일한 결론에 이르렀다. MVP 크기는 통상적으로 수십에서 수백 개체 정도로 매우 낮다는 것이다. 1915년에 2천 마리로 감소한 멧닭의 수는 MVP에 근접했었던 것인지도 모른다.

작은 개체군 크기에 의해 부과되는 위험은 실질적이며 중요하다. 이는 자주 멸종 과정을 끝내버리는 최후의 일격을 가능하게 만든다. 그러나 화석 기록 대부분을 차지하는 잘 자리 잡은 종의 경우에는 작은 개체군 크기가 처음 한 방 또는 그에 상응하는 장기간의 느린 악화가 있은 후에야 중요해진다.

이제 많은 독자들이 눈치 챘을지도 모를 한 가지를 언급하겠다. 생물학자들이 발전시킨 멸종 이론은 대개 우리와 비슷한 유기체, 즉 이동하고 땅에 살며 유성생식을 하는 동물을 분석하는 과정에서 나왔다는 점이다. 왜 그럴까? 두 가지 측면이 있다. 하나는 우리 자신이 육지에 사는 척추동물이기 때문이고, 다른 하나는 거대한 척추동물이 연구하기에 쉽기 때문이다. 실제로 멸종에 관한 현재의 지식 대부분은 조류를 통해 이루어졌다. 헌신적인 아마추어 애호가들이 수세기 동안 꼼꼼히 관찰해서 축적해놓은 방대한 자료 덕분으로 말이다.

다른 유기체 집단에서는 멸종 문제가 상당히 다를 수도 있다. 식물이나 해면 동물, 해양의 동물성 플랑크톤의 경우는 어떤가? 예를 들어 굴의 MVP는 얼마인가? 다른 해양 무척추동물과 마찬가지로 굴은 수정이 모두 체외에서 이루어지는 교배 체계를 갖는다. 굴의 교배 체계는 조류나 포유류의 짝짓기 행동과 너무도 다르다. 시절이 좋으면(또는 운이 좋으면) 굴 하나가 수만 마리의 성공적인 자손들을 생산할 수도 있다. 반면에 최악의 경우에는 하나도 없을 수 있다. 이러한 차이 때문에 굴과 유사한 체계의 생물체의 경우에는 개체군의 크기가 심하게 변동하는 경향이 있다. 개체군 크기는 이미 멸종의 위험에 처한 종에는 확실히 영향을 준다. 하지만 조류와 포유류에 대한 신중한 분석이 아직 동식물 세계 대부분의 영역까지 확장되지는 못했다.

경쟁

다윈이 경쟁을 강조한 점을 고려한다면 경쟁이 멸종의 생물학적 원인 목록 가운데 첫 손가락에 꼽혀야 할 것으로 기대된다. 생존 투쟁은 오랫동안 다음과 같이 그려져왔다. 포식자와 피식자 간의 경쟁, 피식자를 두고 벌이는 포식자들간의 경쟁, 그리고 생존을 위한 피식자들간의 경쟁. 경쟁은 필시 텔레비전 자연 프로그램의 단골 손님이다.

과학자 공동체 내에서 생태학자와 진화생물학자들은 경쟁을 강조한다. 경쟁이 유력한 요인이라는 점은 자명해 보였다. 그런데 생태학자는 갈수록 그 역할에 의문을 제기한다. 물론 경쟁이 존재한다. 하지만 기존의 생각처럼 결정적인 것이 아닐지도 모른다. 특히 멸종에 있어서는.

현대의 종에 관한 몇몇 연구들은 경쟁이 생존 가능성을 낮추는지를 알아내기 위한 것들이다. 이른바 육교 섬 land-bridge islands을 다룬 연구들이 그 중 가장 훌륭하다. 육교 섬은 트리니다드 섬과 태즈메이니아 섬처럼 한때는 인접한 본토에 연결되어 있었으나 빙하기 이후의 해수면 상승에 의해 현재는 고립된 그런 섬을 말한다. 분리되기 전에는 섬의 동물상과 식물상이 인접한 본토의 그것들과 잘 부합했다. 하지만 분리된 이후에는 섬이 종 전체를 지탱하기에는 충분히 크지 못했기 때문에 멸종이 일어났다(육지 면적과 종 수의 관계는 다음 절에서 설명하겠다).

육교 섬은 비교적 최근에 일어난 멸종을 연구하기에 이상적인 공간이다. 왜냐하면 어떤 종이든 현재는 본토에서 발견되지만 섬에는 없다면, 그 종은 분리 이후에 섬에서 소멸되었다고 가정할 수 있기 때문이다. 이러한 논리는 약간의 위험을 안고 있지만 꽤 많은 수의 종이 통계적으로 고려된다면 결과는 꽤 믿을 만하게 된다. 재레드 다이아몬드를 비롯한 몇몇 생태학자들은 이른바 서식지 섬 habitat islands — 동일한 서식지의 다른 영역에서 최근 분리되어 나온 작은 영역 — 뿐만 아니라 육교 섬에서의 멸종에 관해서도 상세한 연구를 수행해왔다.

프린스턴 대학의 존 터보르 John Terborgh와 블레어 윈터 Blair Winter는 육교 섬인 트리니다드에 관한 연구에서, 본토에서 다른 종과 긴밀한 경쟁 관계에 있는 조류 종이 섬에서 평균보다 높은 멸종률을 나타내는지를 탐구했다. 즉 본토에서 긴밀한 경쟁 관계에 있는 종들이 트리니다드에서 멸절할 가능성이 더 높은가? 경쟁을 평가하기 위해 모든 종을 일일이 조사해볼 수는 없는 노릇이기 때문에 그들은 간접적인 방법을 고안해냈다. 즉 그들은 같은 속에 속하는 다른 종들과 함께 정상적으로 살고 있는 조류 종들은 그 다른 종들과 경쟁 관계에 놓이기가 더 쉽다고 가정했다. 이런 가정 때문에 원래의 문제는 매우 단순해진다. 생존해 있는 종과 희생된 종을 세어보기만 하면 되기 때문이다. 하지만 대답은 "아니오"였다. 본토에서 같은 속에 속하는 다른 종들과 함께 살고 있었던 종들은 그렇지 않은 종들과 비교되었을 때 비슷한 정도로 트리니다드에서 살아남았던 것이다.

이는 물론 부정적인 결과이며 따라서 해석의 어려움을 남긴다. 터보르와 윈터는 멸종하기 쉽다는 것과 경쟁은 별개의 것임을 발견했다. 그러나 이런 결과는 보이지 않는 복잡한 다양한 요인들에 기인한 것일 수 있다. 보이지 않는다고 해서 그것이 없다고 증명하기는 힘들다. 하지만 이런 조류 자연사의 여러 측면들을 철저히 검토한 후에 터보르와 윈터는 다음과 같이 조금은 강력한 결론을 내린다. "멸종은 희생자를 공정하게 고른다. 신체 크기, 영양 상태가 어떻든 그리고 어떤 분류 집단에 속하건 전혀 개의치 않는다. 희소성이 취약성을 측정하는 최선의 지표임이 증명되었다." 이는 우리를 MVP와 도박꾼의 파산으로 되돌려보낸다. 개체군의 크기가 작은 종이 멸종할 가능성이 가장 높다는 교훈으로 말이다.

종 면적 효과

보존생물학의 초석은 한 지역의 크기와 거기에 수용될 수 있는 종 수 간의 관계이다. 〈그림 7-1〉은 면적과 종 수 간의 전형적인 관계를 보여준다. 여기에서 원자료는 서로가 어느 정도는 동떨어진 지역에서 발견된 종 수이다. 면적은 물로 둘러싸인 실제 섬이거나 서식지 섬일 수도 있다. 재레드 다이아몬드의 어떤 연구에서는 네바다 및 그와 인접한 주에서의 산꼭대기가 섬으로 간주되었다. 이 산꼭대기 섬의 테두리는 7,500피트 등고선으로 정의된다. 대체로 불모의 계곡을 건널 수 없는 작은 포유류의 경우에 이 등고선은 마치 바다 위 섬의 해안선에 비유될 수 있다. 각 섬에서 발견된 종의 수는 섬의 면적과 좋은 상관 관계를 갖는다.

만일 종 면적 관계가 직선이라면 그다지 흥미로울 것이 없다. 그러나 곡선의 효과에 주목해보자. 〈그림 7-1〉의 A점에서 면적을 두 배로 늘리면(5에서 10제곱킬로미터로), 종의 수(B점)는 증가하지만 두 배로 늘어나지는 않는다. 종은 39에서 50으로 증가할 뿐이다. 역으로, 면적을 반으로 줄이면(B에서 A로) 종 수의 감소는 절반까지 미치지 못할 것이다(50에서 39로).

100가지 종이 서식하고 있는 섬이 있는데 이를 똑같이 반으로 나눠서 가운데에 높은 울타리를 세운다고 생각해보자. 울타리를 세울 당시에 모든 100가지 종이 섬 전체에 걸쳐 살고 있었다고 해보자. 그런 다음 기다려보자. 만일 종 면적 효과species-area effects가 작용한다면 섬의 어느 반쪽 부분도

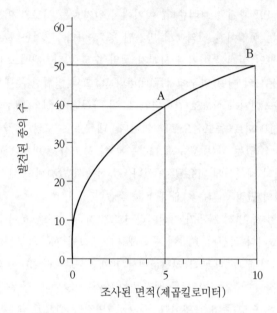

종 면적 효과

〈그림 7-1〉 조사된 지리 면적과 발견된 종 수의 관계에 대한 하나의 사례. 정확한 모양은 연구되는 영역의 생물학적 특성과 자연사에 따라 달라질 수 있지만 곡선의 형태는 전형적으로 위와 같다. 위 그래프에서 알 수 있듯이 면적을 두 배로 늘려도 종 수는 약 25퍼센트밖에 증가하지 않는다. 종 면적 관계 모형은 공원과 보호 지역을 설계하거나 서식지 영역 축소의 결과로 예상되는 멸종 수를 예측하기 위해 보존생물학자들이 널리 사용하고 있다.

100종 모두를 부양할 수는 없을 것이다. 양쪽 모두에서 멸종이 일어나서 더 좁은 면적에서 유지될 수 있을 정도로 줄어들 것이다. 각각의 반쪽에서 어쩌다가 동일한 종이 소멸해버린다면 총체적인 생물의 다양성은 원래보다 줄어들 것이다.

보존생물학에서 종 면적 효과는 서식지 영역 제거에 의한 종 소멸을 예측하는 데 널리 사용된다. 주어진 지역과 동식물 집단의 종 면적 곡선이 어떤 형태를 띠는가를 고려한 상태에서 남겨둔 서식지, 즉 인공섬에 들어갈 동식물 집단의 양과 분포를 현명하게 조절함으로써 종 손실을 최소화할 수 있다.

트리니다드에서의 조류 멸종과 관련된 터보르와 윈터의 경험을 상기해보자. 그들은 멸종에 영향을 주는 특성이 오직 초기의 희소성뿐이라는 점을 발견했다. 즉 개체군 크기만이 어떤 종이 멸종할 것인지를 예측하였다. 따라서 이론적으로는, 몇몇 종들은 한 보호지에서 다른 종들은 다른 보호지에서 살게 함으로써 최대의 종 수를 보존할 보호 체계를 설계할 수도 있다. 그러나 터보르와 윈터는 처음부터 희귀했던 종들의 경우에는 그 어떤 보호지에서도 생존하지 못할 가능성이 있다는 사실도 발견했다.

지금까지의 논의는 성장하는 연구 분야의 복잡한 논의들을 그저 수박 겉 핥기 식으로 훑어본 것에 지나지 않는다. 여기서 나는 종 면적 개념을 깔끔하게 소개하긴 했지만, 사실

그 개념은 계속해서 비판의 표적이 되어왔다. 그러나 이러한 접근법은 멸종과 관련된 보존 노력에서 아직도 핵심적인 것으로 남아 있다.

종 면적과 과거의 멸종

지질학적 시간을 지나면서 생명이 거주할 만한 서식지의 양은 변해왔다. 해양권에서 해수면 하강은 넓은 면적의 얕은 대륙붕을 메마르게 하여 해저 종들에게 적합한 서식지를 빼앗는다. 또한 해수면 하강은 지구 역사에서 백악기를 비롯한 수많은 시기를 특징지었던 광대한 내륙 바다를 말려버린다. 반대로, 해수면 상승은 해양 유기체에게 새로운 영역을 만들어준다. 육지에서는 유사한 효과가 역으로 일어난다. 해수면이 하강하면 육지에서는 서식 가능한 영역이 증가한다.

주요 대륙들 사이에 육교가 생겼다 사라지는 일은 커다란 섬들을 가로 잇는 다리를 건설하거나 철거하는 일과 같다. 예를 들어, 과거 수백만 년 동안 파나마 지협은 나타났다 사라지기를 수차례 반복하였다. 파나마가 드러나면 육상 동물에게는 남북으로 이주할 수 있는 자연 통로가 생기지만, 멕시코 만의 해양 동물은 동태평양으로부터 고립된다. 파나마가 가라앉으면 반대 현상이 나타난다.

북남미의 대교환

　파나마 육교의 종 면적 효과는 육상 포유류의 경우에 특히 잘 기록되어왔다. 포유류 진화가 일어나던 대부분의 시기에 육교는 가라앉아서 북미와 남미를 고립시켰다. 두 포유류 동물상은 상당히 다르게 발전하였다. 남미에는 유대류가 북미에는 태반류가 지배했다. 약간의 이주가 두 대륙 사이에서 발생하기도 했다. 예컨대, 이른바 방랑 이주자들이 애틸리스 열도들을 차례로 뛰어넘어서 두 대륙 사이를 이동할 수 있었다. 그러나 각 대륙에는 본래 독립적인 포유류 무리가 있었고 각각의 종 수는 서식지 면적과 균형을 이루었던 것으로 보인다.

　이후 약 3백만 년 전에 육교가 서서히 올라오자 포유류는 북에서 남으로 남에서 북으로, 문자 그대로 걸어다녔다. 남으로 이동한 북미 포유류에는 스컹크, 페커리(멧돼지류), 늑대, 여우, 곰, 낙타, 말, 맥(貊) tapir(코와 윗입술이 길게 자라서 코끼리의 조상처럼 보이는 포유동물—옮긴이), 마스토돈과 수많은 종들이 포함된다. 북으로 이동한 것에는 아르마딜로 armadillo(갑옷 모양의 등을 가진 포유동물—옮긴이), 호저(豪猪, 고슴도치와 비슷한 설치류—옮긴이), 아메리카주머니쥐, 땅늘보와 나무늘보, 원숭이, 개미핥기가 있다. 이 상호 교환은 동등하지 않았다. 북미에서 남으로 이동한 원산 생물이 남미에서 북으로 이동한 것보다 많았다. 이 불균등은 상호 교환 이전에 북미의 종이 더 많았다는 사실에서 직접적으로 비롯되었다.

종 면적 곡선(〈그림 7-1〉과 같은)은 북미와 남미를 합친 육지 면적이 이전에 대륙이 분리되었을 때 점유했던 모든 종을 지탱할 수 없음을 나타낸다. 이주가 쌍방향으로 일어났기 때문에 멸종은 피할 수 없었다.

상호 교환에 의해 처음에는 북미와 남미 모두에서 각 면적의 종 수가 증가하였다. 그 다음에 종 면적 한계가 작동하기 시작해서 각 면적에 있는 종 수가 상호 교환 이전보다도 약간 낮은 수준으로 떨어졌다. 오늘날 남미 포유류 속의 약 50퍼센트는 북미 산이며 북미 속의 약 20퍼센트는 남미에서 온 것이다. 멸종이 상호 교환에 의해 이루어진데다가 홍적세 멸종이 양 대륙 모두에서 일어났기 때문에 총 동물상은 이전보다 줄어들었다.

열대 우림의 역사

우리는 열대 우림이 수억 년에 걸친 느린 진화의 안정된 산물이라고 생각하곤 한다. 그런데 그렇지 않다! 지질학 기록에 따르면 우림은 상대적으로 짧은 기간에만 존재했던 특수한 여건에서만 발생하기 때문에 시공간적으로 불연속적으로 일어났다.

아마존 유역과 서부 아프리카를 비롯한 몇몇 지역에 현재 존재하는 우림은, 적도 지방의 계절성을 감소시키는 상대적으로 낮은 전체 지구의 기온에 의존한다. 또한 열대 폭우에 도움이 되는 대륙 지형과 지세에도 의존하며, 종들이 복잡한 군집을 형성하면서 진화하기에 필요한 시간이 확보되는지에도 의존한다. 시카고 대학의 고지리학자이자 기후학자인 프레드 지글러Fred Ziegler는 다양한 육상 식물상이 최초로 진화한 이후의 3억 5천만 년 동안에 열대 우림이 번성한 시기는 고작 25퍼센트 정도에 불과하다고 추정했다.

우림에서 일반 삼림으로의 전환은 서식 가능한 지역의 방대한 변화를 야기하고 종 멸종을 유발하였음에 틀림없다. 그런데 한편으로 그러한 전환은 건설적인 결과를 가져왔을 수도 있다. 산발적인 생존자들로부터 우림이 재진화할 때마다 새로운 적응과 같은 진화적 혁신이 일어날 기회가 생겼을 것이기 때문이다.

우림 현상이 주는 흥미로운 함의는 생물 다양성에 관한 것이다. 오늘날 다수의 동식물 종은 습기 찬 열대 지역에 산다. 그래서 우림을 잃는다면 전 지구적인 생물 다양성은 줄어들 수밖에 없다. 지질학적 과거에 우림이 여러 번 출몰했기 때문에 그에 따라서 전 지구적인 생물 다양성도 역시 변동을 겪었을 것이다. 필시 지금보다 더 다양했던 시기와 그렇지 않았던 시기가 둘 다 있었을 것이다.

과거 5만 년에 걸친 현존 우림의 역사는 특히 흥미롭다. 열대에서의 화석 보존이 취약하기 때문에 역사 기록은 빈약하지만 흥미로운 질문을 제기하기에 충분할 만큼은 알려져 있다. 과거 5만 년 동안 아마존 유역과 서부 아프리카가 지금보다 더 서늘해지고 건조해진 적이 적어도 네 번이나 되며 그에 따라 우림이 수축했을 것이라는 상당한 증거가 있다.

〈그림 7-2〉는 남미의 변동에 대한 하나의 추정을 보여준다. 왼쪽 지도는 현재의 열대 우림 분포를 보여준다. 오른쪽 지도는 건조기 동안 우림이 점유하였을 것으로 추측되는 지대를 보여준다. 서부 아프리카에 대해서도 비슷한 지도들이 그려졌다. 그 지도들에서도 광대한 연속적인 영역이 군데군데 조각난 형태를 보여준다. 홍적세 후기의 우림 지도는 논쟁의 여지가 있었음을 밝힌다. 좋은 기록이 부족하여 어떨 때는 의문의 여지가 있는 대리 자료를 사용해야 했기 때문이다.

우림의 역사는 보존생물학에도 명백한 함의들을 갖고 있지만 다른 한편으로는 생명의 진화에도 큰 함의들을 지닌다. 예를 들어, 우림 지역이 〈그림 7-2〉가 가리키는 것처럼 현재의 84퍼센트 정도로 줄었던 때가 있었다고 해보자. 그렇다면

열대 우림 분포

현재   홍적세 건조기(추정)

〈그림 7-2〉 남미에서 현재의 우림 분포와 그 지역의 기후가 더 건조했던 간빙기에 대한 추정과의 비교. 추정 패턴은 정황 증거에 기초한 것이다. 이 패턴을 입증하기 위해서는 추가적인 지질학적 연구가 필요하다(Simberloff, 1986에서 재개).

일부는 종 면적 효과를 통해서 그리고 다른 일부는 서식지를 잃음으로써 수많은 종들이 스러졌을 것이다. 열대에서는 심지어 나무 한 그루에서도 수많은 열대 종들(특히, 곤충)이 발견된다는 점을 기억해보자.

지금까지의 내용을 받아들인다면, 현재 우림의 엄청난 종 다양성 중 상당 부분이 어떻게 5만 년 이내에 진화할 수 있었는지를 설명해야 하는 문제에 부딪힌다. 이는 믿기 어려운 정도의 엄청난 종분화율이며 해답보다 더욱 많은 질문을 제기한다.

우림의 최근 역사와 관련된 빈약한 사실적 자료는 기후의 역사와 고생물학적 증거들을 다루는 연구들이 축적될 때에만 극복될 수 있을 것이다. 그때까지는 우림의 역사와 그 진화적 함축은 수수께끼로 남을 것이다.

제8장
멸종의 물리적 원인

데이비스에 있는 캘리포니아 주립 대학의 리처드 코원 Richard Cowan은 『생명의 역사 *History of Life*』(1976)라는 제목의 대학 교재에서 백악기 대멸종의 원인에 대해 다음과 같이 서술하였다.

지금까지 모든 종류의 설명이 제공되어왔다(운석 충돌, 거대한 화산 분출, 태양으로부터의 치명적인 복사 폭발, 화산재에 의한 셀렌 Se 중독, 노아의 홍수, 기타 등등). 그러나 분별 있는 과학자로서 우리는, 증명하거나 반증하기가 매우 어려운 설명들에 의지하기보다는, 사실을 설명할 수 있는 비교적 통상적인 상황들을 찾도록 노력해야 할 것이다.

이 구절은 오래도록 지질학자와 고생물학자의 지침이 되어온 철학을 요약한다. 즉 현재는 과거의 열쇠이다. 운석 충돌, 거대한 화산 분출, 치명적 복사 폭발, 그리고 그와 엇비슷한 것들은 ('현재') 인류 역사에서 대멸종을 야기할 만큼의 강도로 기록된 적이 없으며 따라서 제외될 수 있다는 것이다.

『생명의 역사』에서 코원은 몇몇 "분별 있고" "비교적 통상적인" 대멸종의 원인들에 관해 계속해서 논의한다. 그리고 다음과 같은 진술로 끝을 맺는다.

> 따라서 본질적으로, 우리는 먼저 대륙 이동이 있었고 그로 인해 기후 변화가 생겨서 백악기 말의 생물학적 변화가 발생했다고 결론지을 수 있다. 이러한 줄거리는 여전히 골격만 있을 뿐이며, 반드시 견실한 사실의 도움으로 살이 붙여져야 한다. 그러나 이는 백악기 중기의 대륙 이동 이후에 일어난 백악기 멸종과 관련하여 여태까지 제시된 것들 중에서 최선의 설명이다.

코원은 위에 인용된 두 문단 사이에서 이런 결론을 내리기 위해 간결하지만 합당한 근거들을 제시한다. 그는 멸종이 육상 및 해양 유기체를 모두 포함하기 때문에 "정말로 전 지구적인" 힘이 필요하며, 따라서 몇몇 후보는 제외된다고 주장한다.

그는 기후 변화야말로 모든 환경에 영향을 미칠 수 있는 후보이며 백악기 말 무렵에 실제로 전 지구적인 냉각이 있었다는 지질학적 증거를 들이대면서 기후 변화를 멸종의 주원인으로 꼽았다. 이를 위해 그는 큰 동물들이 "생태학적 의미에서 위험할 만큼 밀집되어 생활했다"고 지적하면서 그 동물들의 선택적 멸종에 관해 언급했다. 하지만 코원은 이로써 논쟁이 종결되었다고 주장하지는 않는다. 즉 단지 기후 변화만이 가장 그럴듯한 설명이라고는 주장하고 있지 않다.

전통적인 견해

전통적으로 멸종에 대한 물리적 설명은 두 종류의 규모에 관해서 제시되었다. 하나는 대멸종에 관해 다른 하나는 배경 멸종에 관해서이다. 대멸종의 경우에는 전 지구적인 기후와 해수면의 변화가 단연 인기를 누린다. 여기에 해수 염도의 변화와 얕은 해양 환경에서의 산소 결핍 등도 거론되고 있다.

더 작은 규모의 멸종에 대해서는 다수의 물리적 원인이 제안되었다. 육지에서의 지역적 기후 변화로 인해 침식률과 해양으로 운반되는 침전물의 양과 성질이 변화한다는 설명이 여기에 해당한다. 그러나 일반적으로 소규모의 멸종 사건은 찬밥 신세였다. 그것이 너무 복잡하거나 당연하게 여겨져서 원인을 찾는 일이 쓸데없거나 심지어 불필요하다고 여겨지기 때문이다.

해수면과 기후

해양이 존재하는 한 해수면은 변동한다. 오늘날의 해수면은 상대적으로 낮은 편이다. 물론 홍적세 빙하기의 절정에는 2백 미터나 낮았다. 좁은 영역에서 해수면은 지구 지각의 국소적 운동에 영향받는다. 지표면은 구조적 힘에 의해 위아래로 밀리는데 이때 육지와 해양의 교차 지점이 이동한다. 로스앤젤레스 밑의 암반에서 수년에 걸쳐 석유를 추출하면 침강이 일어나듯이 해수면은 인간 활동에 의해서도 영향받는다.

빙하기의 도래나 해양 분지의 형태를 바꾸는 지각 변동이 해수면에 큰 변화를 가져온다. 과거 수세기에 걸쳐 극지방의 얼음이 녹으면서 전 지구적으로 해수면이 상승해왔다. 그러나 어떤 지역에서는 국소적 이동이나 빙결로 인해 해수면이 다시 내려가기도 한다. 예를 들어, 스칸디나비아 대부분에 걸쳐 해수면은 꾸준히 낮아졌는데 이는 이전의 빙판이 제거되면서 지각이 계속 회복되고 있기 때문이다.

지구 역사에 걸친 해수면 변화를 조사하는 것은 이론적으로는 간단하지만 실제로는 그렇지 못하다. 흔히 화석이 해륙분포를 나타낸다. 육상 유기체로 알려진 것은 대륙에서 퇴적된 것임을 나타내며, 해양 유기체는 해저에서 퇴적된 것임을 나타낸다. 퇴적암에 의한 물리적 증거가 제공하는 정보에는 얕은 바다와 해변의 퇴적에서 구분되는 특질도 포함된다. 그런데 국소적이거나 지역적인 효과가 전 지구적인 기록을 흐트러뜨릴 수 있다는 난점이 발생한다. 〈그림 8-1〉은 해수면 곡선의 한 예로 엑손 Exxon 연구 그룹이 개발한 이른바 베일 곡선 Vail curve이다.

해수면 곡선들의 문제점 중 하나는 그 곡선들이 때로는 기밀 사항이라는 점이다. 기름과 가스가 예전의 해안선 근처에 축적되는 경향이 있기 때문에 석유 회사들은 고대 해수면을 추적하기 위해 고액의 연구 개발비를 투자한다. 〈그림 8-1〉의 곡선은 공개된 과학 문헌에 게재된 것이지만, 흔히 그러한 결과는 발표가 보류되거나 일부분을 공백으로 남기고 발표된다. 어떨 때는 전체 곡선이 발표되지만 이를 구축하는 데 사용된 정보는 발표되지 않는다.

기후 변화의 연대기를 구축하는 것은 더욱 어렵다. 기후는 온도, 대순환 패턴, 계절성 및 다른 요인들이 복합되어 있어서 매우 복잡하다. 수많은 기후 성분 가운데 가장 잘 연구된 것은 단연 온도이다. 과거의 온도 자료는 기후적으로 제한되었다고 알려진 화석 분포, 그리고 실질적인 기록을 입수하기

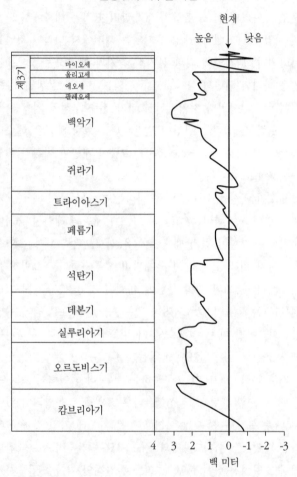

현생누대 해수면 곡선

〈그림 8-1〉 현생누대 동안의 전 지구적인 해수면 역사에 대한 한 추정. 홍적세 동안의 큰 변동과 다른 빙하기는 포함되지 않았다. 현재의 해수면이 과거 대부분 시기보다 어느 정도 낮은 것이라는 점에 주목하자(Vail et al., 1977에서 가져옴).

위한 화학 분석(대부분이 동위원소)에서 얻는다. 물론 온도는 장소에 따라 대단히 많이 변화한다. (지상 또는 바다 속에서) 단일한 온도 기록을 얻는 경우는 없다. 이러한 점이 연대기 구축 작업을 까다롭게 한다. 이러한 문제들에도 불구하고 계속해서 기후 역사 곡선이 구축되어왔는데 〈그림 8-2〉가 그 예이다.

기후와 해수면 변화에 의한 종 면적 효과

이미 언급했듯이, 해륙 분포의 변화는 유기체가 거주할 수 있는 면적에 영향을 준다. 우리는 북미와 남미가 파나마 지협으로 연결되었을 때 종 면적 효과가 어떻게 육지 포유류의 멸종을 발생시켰는지를 살펴본 바 있다. 이 절에서는 기후와 해수면 변화의 종 면적 효과를 고려해보겠다.

대륙 대부분을 둘러싸는 광대한 대륙붕에 서식하는 해양 생물을 생각해보자. 바닥은 대륙 해안으로부터 135미터(전 지구 평균)까지 서서히 깊어진다. 대륙붕의 기울기는 평균 10도를 약간 넘는 정도로 완만하다. 대륙붕 가장자리에서는 각도의 변화가 있으며 대륙붕 사면 continental slope이라는 곳에서 해저가 더욱 가파르게 떨어진다. 대륙붕의 너비는 매우 다양한데 캘리포니아 남부에서는 거의 0에 가까우며 북미

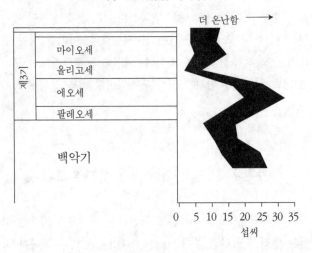

해수 온도(유럽 북서부)

더 온난함 ⟶

제3기
마이오세
올리고세
에오세
팔레오세

백악기

0 5 10 15 20 25 30 35
섭씨

〈그림 8-2〉 과거 1억 년 동안의 온도 기록. 해양 연체동물의 화석 껍질에서 찾은 산소 동위원소 비율에서 얻었다. 띠의 넓이는 분석 결과의 변이를 반영한다. 온도 변동이 심하긴 하지만 전반적으로 현재로 접근하면서 냉각되는 경향을 보여준다. 이 경향은 다른 지역의 다른 화석으로부터 얻은 기록에서도 전형적인 것으로서 냉각이 전 지구적임을 나타낸다(Anderson, 1990에서 다시 그림).

동해안에서는 수백 마일에 이른다.

대륙붕에는 양분이 풍부하여 항상 심해보다 더 많은 생물 자원을 부양한다. 하지만 대륙붕은 해수면 변동의 범위 내에서만 괜찮다. 대륙붕이 말라버리면 대륙붕에 사는 종의 서식지가 급격하게 축소된다. 예전 대륙붕 사면 위에 상대적으로 얕은 지역이 계속해서 존재하긴 하겠지만 급격한 경사도 때문에 알맞은 깊이의 면적은 줄어든다.

서식 가능 지역도, 백악기에 북미 서부 내륙의 상당 부분을 포괄한 내해inland sea처럼 광대한 내해에서 하나의 요인이었다. 이런 내해들은 대개 넓은 면적에 걸쳐 수십 미터 정도로 매우 얕았다. 따라서 약간의 해수면 하강에 의해서도 완전히 메말라버렸다.

이처럼 범람하거나 메말라버리는 대륙붕이나 내해의 경우에는 종 면적 효과가 일정 규모로 적용된다. 범람할 경우에는 대륙붕과 내해가 종 분화를 위한 새로운 공간을 제공하지만 말라버리는 경우에는 반대로 멸종이 초래된다.

기후 변화도 종 면적 효과를 만들어낸다. 전 지구적으로 기온이 내려가면 중·저위도의 기후대는 좁아진다. 등온선(같은 온도를 이은 선)이 북반구에서는 남쪽으로, 남반구에서는 북쪽으로 밀쳐진다. 전 지구 기온이 증가하면 등온선은 적도에서 멀어져서 열대 지역을 넓힌다. 이러한 풀무 방식의 기후대 확장 및 수축은 수많은 동식물의 서식 가능 지역을 증감시킨다.

이 모든 면에서 볼 때, 종 면적 효과를 일으키는 기후와 해수면 변화가 과거 멸종에 대한 설명에 기여할 첫째 후보가 되는 것은 놀라운 일이 아니다.

해수면과 기후 테스트

멸종과 해수면 또는 온도 사이의 대응에 대한 통계 검사는 거의 시도되지 않았다. 물론, 이미 언급된 해수면과 온도 자료의 불확실성 때문이기도 하다. 그러나 내 생각에는 대부분의 지질학자와 고생물학자가 적합한 방법을 숙지하지 못한 것도 하나의 원인이다. 멸종 문제는 시계열 분석time series analysis이라는 기법을 필요로 하는데 이는 대부분의 기초 교육 과정에서는 배우지 않는 통계학 분과이다.

그러므로 대개의 경우 기후와 해수면에 대한 논증은 주로 하나 이상의 5대 대멸종을 포함하는 사례 연구 축적을 통해 정성적(定性的)으로 이루어진다. 나는 수학적인 방법을 사용하지 않는 접근법은 바람직하지 않다는 점을 시사하려는 것은 아니다. 엄격한 수학을 통해 지지되는 이론만이 받아들여진다면 과학은 커다란 난관에 봉착하게 될 것이다. 그러나 사례 연구 접근법을 통해서 논증들을 비교, 평가하는 일은 쉽지 않다.

시카고 대학의 내 동료 교수인 야블론스키는 애리조나 대학의 칼 플레사Karl Flessa와 함께 해수면 하강에 의한 종 면적 효과의 강도에 대한 흥미로운 테스트를 수행하였다. 그들은 다음과 같은 중요한 질문을 던졌다. 현재 대륙붕에 사는 모든 생명이 제거된다면, 전 지구적으로는 얼마나 많은 멸종이 일어날 것인가? 야블론스키와 플레사는 생존하는 매우 다양한 해양 연체동물 자료를 지리 분포에 따라 정리하였다. 그 다음에 대륙붕에서의 제거 이후에 남게 될 전 지구적 동물상을 표로 작성하여 가설적인 멸종률을 계산하였다. 이는 대륙붕의 종이 앞바다로 탈출하는 것을 고려하지 않는다는 점에서 극단적인 시나리오이다. 따라서 야블론스키와 플레사의 멸종 추정치는 상한선, 즉 최악의 경우에 해당한다.

그들은 모든 과(科)의 13퍼센트밖에 되지 않는 지극히 낮은 멸종률을 얻었다. 이는 페름기 멸종에서 그에 해당되는 동물 과의 멸종률(52퍼센트)보다 매우 낮은 것이다. 이에 대한 설명은 간단하다. 생존하는 모든 과의 87퍼센트는, 적어도 하나의 종이 사방이 급경사진 바다 섬, 즉 수축될 동안에 해안선이 밖으로 이동해도 거주 가능 면적을 손실하지 않는 섬 주위의 얕은 물에 서식하는 것이다.

야블론스키와 플레사에 대응하여, 대륙붕이 말라버리는 것이 개체군 크기와 지리 영역을 축소시키는 처음 한 방에 의해서일 뿐이며 따라서 바다 섬에서의 생존자들은 보다 적은 압박으로도 최후의 일격을 받기 쉽다고 주장할 수 있다. 그러나 야블론스키와 플레사는 섬이라는 피난처를 가졌던 87퍼센트의 과 대부분이 둘 이상의 섬에서 발견된다는 주석을 달아 반격하였다.

야블론스키와 플레사의 작업은 대멸종의 원인으로서 해양 수축의 효력에 의혹을 던진다. 해양 수축이 빙결에 의한 것이든 지각 변동에 의한 것이든 말이다. 그러나 나는 이로써 모든 것이 끝났다고 생각하지 않는다. 더욱 집요한 테스트가 필요할 것이다.

기후 및 해수면이 주요 멸종의 중대한 원인이 된다는 것에 대한 찬반 논증을 본격적으로 살펴보는 것은 지면상 생략할 수밖에 없다. 논증들이 복잡할뿐더러 특정 멸종 사건에 대한 상세한 분석이 요구되기 때문이다. 그러므로 여기에서 내 의견만을 남기겠다. 내 의견으로는, 주요 멸종 사건 중 단 한 사례에서도 기후와 해수면이 그 멸종의 원인임을 보여주는 증거는 아직 없다. 그리고 내게는 의심을 품을 만한 확실한 증거가 하나 더 있다. 바로 홍적세 빙결이다.

홍적세의 경험

해수면이나 기후 변화로 인해 대멸종이 일어날 수 있다면 최근의 대륙 빙결은 더 굉장한 일을 저질렀어야 했다!

홍적세라 불리는 시기는 164만 년 전에 시작되어 대륙 빙판의 최후 퇴각과 함께 1만 년 전에 끝났다. 홍적세가 1만 년 전에 끝났다는 것은 낙관적인 판단인데 이는 빙판의 퇴각이 최후였다는 것을 가정하기 때문이다. 빙하기는 온화한 막간으로 분리되는 몇 번의 진동을 가지며 찾아오기 때문에, 우리는 지금 간빙기에 살고 있는 것인지도 모른다. 즉 아직 홍적세가 끝나지 않은 것인지도 모른다.

홍적세의 기록은 잘 알려져 있다. 이는 지질학적으로는 바로 어제의 일이며 지표면에서 쉽사리 연구될 수 있는 퇴적물을 남겨놓았다. 이때는 해양뿐 아니라 육지에 영향을 미칠 정도로 전 지구적 환경 대부분이 변조된 시기였다. 해수면은 수백 미터씩 상승 하강을 반복하였으며 온화한 지역은 적도 근처로 압축되었다. 계절풍 체계를 포함한 주요 일기 패턴은 오늘날과는 현저하게 달랐다. 또한 대기중 이산화탄소에도 뚜렷한 변화가 있었다.

해수면 변동이 지형을 변화시켜서 빙하의 성쇠에 따라 섬과 지협이 나타났다 사라졌다. 지구 역사를 통해 수많은 빙하 시대가 있었지만 그 중에서도 홍적세가 필경 가장 극심한 시기였을 것이다. 오래된 빙하기는 잘 알려져 있지 않기 때문에 정확한 순서를 매기는 것이 어렵긴 하지만 말이다.

홍적세에도 멸종이 일어나긴 했지만 대멸종이라 할 만한 정도는 아니었다. 지질 시대 구분에 사용되었던 사건들보다 강도가 훨씬 낮았으며 지질학적 시간의 단위도 작았다. 이미 급습 이론의 맥락에서 논의되었던 거대 육상 포유류를 제외하면 홍적세 멸종은 특이하며 드문드문 존재한다. 몇몇 장소에서 몇몇 생물 집단이 멸종을 겪었는데 이를 통해 소수의 속 또는 과만이 소멸하였을 뿐이다. 아마도 빙하기 이전, 냉각이 시작되던 3천 5백만 년 전에 열대 서대서양과 카리브해의 해양 연체동물에게 있었던 사건이 대멸종과 가장 가까울 것이다. 이 사례는 스티븐 스탠리가 연구해왔는데, 그는 이것이 온도 하강에 의해 지리적으로 올가미에 걸린 동물상의 "지역적 대멸종"이었다고 결론지었다. 그러나 태평양 연체동물에 대한 스탠리의 연구 분석 결과에서는 유의미한 멸종이 나타나지 않았다.

따라서 홍적세에 멸종이 일어나긴 했고 그 중 일부는 기후나 해수면과 관계가 있지만, 그것들이 대멸종과 같은 부류는 아니었다. 마찬가지로, 시간을 거슬러 올라가도 멸종과 빙하기 사이에 유의미한 관련은 없다. 예를 들어, 백악기 대멸종은 오랫동안 빙결이 없었던 시기에 일어났다. 따라서 홍적세의 경험은 온도와 해수면이 멸종에 대한 일반적 설명을 제공하리라는 과학자들의 기대를 사그라지게 할 뿐이다.

이 대목에서 어떤 내 동료들은 내가 멸종의 단일 원인만을 찾으려 한다고 불만을 표출할 것이다. 대부분의 멸종 사건이 단순하지 않으며 다채롭다는 사실을 왜 못 받아들이느냐는 불만일 게다. 예컨대 페름기에는 해양 수축이, 백악기에는 기후가, 데본기에는 뭔가 전혀 다른 것이 멸종의 원인일 수 있음을 왜 고려하지 않느냐는 지적이다.

물론 이런 다원성은 세계의 작동 방식을 잘 포착하는 것일 수 있다. 하지만 나는 그렇지 않기를 바란다. 이것이 내 대답이다. 왜냐하면 그것은 다음과 같은 이유에서 증명하기 어렵기 때문이다. 주요 (해양) 수축과 대멸종이 지구 역사상 단 한 번만 발생했다고 가정하자. 이렇게 두 개의 독특한 사건이 시기적으로 일치했다면 멸종의 원인으로 수축이 강력한 경우가 될 수 있을 것이다. 그러나 수축과 대멸종은 다른 많은 것들처럼 지질 역사상 산재해 있다. 동시 발생 경향을 찾는 것 외에는 인과를 평가할 방법이 없으며, 이는 각각의 인과 쌍에 대한 다수의 예를 요구한다. 모든 멸종 사건이 다르다면, 그것 중 어느 하나를 해독해내는 것은 불가능에 가까울 것이다.

외부에서 오는 물리적 원인

(내가 단언했듯이) '통상적인' 지질학적 과정이 의미심장한 멸종을 일으킬 만한 힘을 갖지 못한다면 대안은 무엇인가? 정의에 의해 그것은 우리가 이제껏 경험해보지 못한 과정(또는 현상)이 된다. 우리가 지금껏 비교적 유순한 경험만을 했다는 것은 좋은 일이지만, 그 때문에 이제 추리가 필요

한 국면에 접어들었다.

　어떠한 외부적 원인도 두 개의 지지 사실을 필요로 한다. 그것이 발생했으며, 그것이 멸종과 관련하여 발생했다는 점이다. 그 과정이나 현상은 명료한 자취, 즉 명백한 증거를 남겼어야 한다. 지금까지 단연 최상의 후보는 태양계의 천체인 혜성 및 소행성과 지구의 충돌이다. 이 사례는 제법 강력하기 때문에 다음 장을 이 사례에 할애하겠다. 그러나 먼저 다른 가능성을 짚고 넘어가자.

전대미문의 화산 작용

　멸종의 한 동인은 인류 역사상 나타났던 그 어느 것보다 훨씬 강도가 높은 화산 작용이다. 이 시나리오에는 1883년의 크라카토아 Krakatoa 분화와 비슷하지만 수많은 화산이 동시에 분출하는 더욱 장대한 규모의 폭발적인 화산 작용이 요구된다. 크라카토아는 TNT(트리니트로톨루엔, 강력 폭약—옮긴이) 수백 메가톤에 상당하는 폭발로 시작하였다. 굉장한 양의 파편과 재 그리고 황산염 에어로졸이 대기 중으로 방출되어 수년 동안 현저한 효과를 나타내었다. 태양 복사 차단으로 인해 전 지구 온도가 몇 도 떨어졌다. 이러한 힘에도 불구하고, 크라카토아 분화는 근접 지역 바깥에서는 생물학적 효과를 나타내지 않은 것으로 알려졌다. 그러나 수천 개의 크라카토아가 동시에 활동한다면 대규모 기후 변화를 유발할 수 있을 것이다. 아마 광합성에 방해가 될 정도로 햇빛을 차단할지도 모른다.

화산학자들은 그런 일을 해낼 만큼 충분히 거대한 화산이 동시에 폭발한 적이 있다는 증거가 없다고 주장한다. 그리고 그렇게 총체적인 분화를 일으킬 만한 기제가 아직 알려지지 않았다고 지적한다. 게다가 화산 활동의 기록은 통상적으로 오랫동안 보존됨에도 불구하고 동시 분화가 일어났다는 지질학적 증거는 없다. 하지만 현재의 지질학적 연대 측정 방식이 동시성에 대한 결정적 증거를 입증할 정도로 충분히 훌륭하지 않을 수도 있다. 사실상 백악기 말은 화산 작용의 시기였으나 동시성에 대한 증거가 부족하다.

범람 유형의 화산 작용은 다른 종류의 화산 활동으로서 폭발적 분화가 없이도 광대하고 두껍게 용암을 누적한다. 미국 북서부 콜롬비아 강과 스네이크 강 유역의 화산암이 좋은 예이다. 또 다른 예는 데칸Deccan으로서 인도의 약 3분의 1을 덮어버린 두꺼운 현무암질 퇴적물이다. 유출률 추정치로 열 생성이 대단했음을 알 수 있다. 몇몇 기후학자들은 그 정도의 열원이라면, 게다가 그것이 적도 근처에 있었다면, 지구 규모의 순환을 뒤바꿀 수 있었으리라고 추정하였다.

지질학 기록에는 콜롬비아 강 현무암과 데칸을 포함하여

대략 여섯 번의 매우 거대한 범람 화산 작용 퇴적물이 있다. 몇몇 사례에서는 대멸종과 시대가 일치한다. 예를 들어, 데칸 화산 작용은 거의 백악기 멸종의 시기에 시작되었을 수 있다. 불행히도 다른 예가 드물고 연대 측정의 불확실성이 너무 크기 때문에 좋은 통계 검사는 불가능하다. 따라서 범람 화산 작용의 옹호자들이(그들의 숫자는 꽤 된다) 동료들을 납득시키는 데에는 어려움이 많다.

우주적 원인

공상과학 작가는 우주 공간이 기분 나쁜 곳일 수 있다는 점을 즐겨 이용한다. 별들은 폭발하고 서로 충돌한다. 행성계는 거대 분자 구름을 통과한다. 우주 환경에서는 모든 방식의 고에너지 복사 폭발이 쉽게 일어난다. 그러한 사고들이 지구 생명에 심각한 영향을 끼칠 수 있을까? 생명의 역사는 우주 역사의 15 내지 30퍼센트에 미친다. 그동안 많은 일이 일어날 수 있었을 것이다.

몇몇 사람들은 멸종 기제를 혜성이나 소행성과 별개로 우주에서 찾으려 하였다. 폭발하는 별(초신성)의 효과에서부터 태양 복사 변화에 이르기까지 다양한 가능성이 있다. 하지만 그 어떤 것도 마땅치 않다. 적어도 통계적으로는 초신성 발생 빈도가 잘 부합한다. 그러나 천문학자들에 따르면, 그로 인해 의미심장한 생물학적 손상이 일어날 만큼 초신성이 가까운 곳에서 발생한 적은 거의 없었다.

태양 강도(태양 상수)의 변화가 유망한 후보이지만 그에 대한 최근 수세기 이전의 기록은 없다. 태양의 변화는 항성 진화 이론으로 예측할 수 있으나(지구 역사를 통해 태양 상수의 30퍼센트가 증가하였을 것으로 추정되는 등) 이는 장기간의 경향으로서 대멸종에 요구되는 단기간 현상은 아니다.

외부 원인에 대한 주제는 영 마땅치 않다. 나는 아무도 본 적이 없는 멸종의 동인들에 대해 평가해보려 했다. 이 대목에서 대개 괴짜 과격파들이나 사용하는 억측과 상상의 나래가 펼쳐진 것은 바로 그 때문이다. 그러나 이런 억측이 난무한다고 해서 그 반동으로서 우리가 마치 모든 좋은 (멸종의 동인) 후보들을 알고 있다고 전제한다면 그 또한 곤란하다.

제9장
하늘에서 떨어지는 암석

운석은 하늘에서 떨어진 소행성 조각이나 혜성의 암석 파편이다. 1950년대에 나는 대학교와 대학원에서 운석에 관해 배우기는 했으나 아주 많은 것을 배우지는 못했다. 운석에 관한 연구는 항상 작은 분과에 속하는 것이었다. 그러나 운석학자와 우주화학자들에게는 외계로부터 온 암석이 태양계 초기를 감지할 수 있는 유일한 자료가 된다.

운석 연구의 기초가 되는 운석의 수는 매우 적다. 운석이 떨어진 후 얼마 지나지 않아 발견되어 풍화를 피한 것이어야 하기 때문이다. 운석의 직경은 수인치에서 수피트에 달하며 농경지에서 우연히 발견되는 경우가 많다. 대부분의 운석은 크기가 작아서, 충돌하여 주목할 만한 크기의 크레이터(운석구) crater를 만들지 못한다. 지금까지 알려진 것 가운데 가장 큰 운석은 나미비아에 있는 것으로, 무게가 66톤으로 추정된다. 전시된 운석 가운데 가장 큰 것은 뉴욕 시 헤이든 천문관에 있는 34톤에 달하는 표본이다.

학교에서 배운 과학 수업에 따르면 태양계가 생성되던 초기에 거대한 천체와의 충돌은 흔히 일어나는 일이었으며 지구와 다른 행성의 성장에 중대한 공헌을 하였다. 그러나 이 폭격bombardment은 현재의 지구 표면이 형성되기 이전에 끝났다. 초기 태양계에 남아 있던 파편들이 다 없어졌기 때문에 더 이상의 충돌이 없었던 것이다. 달과 화성 표면에서는 초기 폭격으로 생성된 크레이터들을 여전히 볼 수 있다. 그러나 지구의 크레이터들은 침식 작용으로 제거되었다. 지구에서 발견되는 작은 운석들은 이미 소진된 파편 덩어리의 잔여물일 뿐이다. 이야기는 그렇게 진행되었다. 그런데 우리가 안다고 생각하는 다른 많은 것들처럼, 이 이야기는 단지 부분적으로만 옳은 것으로 밝혀졌다.

가장 큰 오해는 초기 폭격 이후에도 거대한 천체가 계속해서 떨어졌다는 사실을 빠뜨렸기 때문에 생겼다. 가장 잘 알려진 것은 애리조나 있는 운석 크레이터 Meteor Crater로 배링거 크레이터 Barringer Crater라고도 불린다. 1950년대의 교과서에서는 운석 크레이터가 등장하긴 했지만 매우 인색하게 언급되었다. 크레이터를 비롯한 지구상의 다른 모든 구멍들의 기원에 대한 격렬한 논쟁은 수년 동안 계속되었다. 충돌의 기원에 관한 문제가 제기되었기 때문이다. 1950년대의 과학 문헌을 읽다 보면, 지질학자들이 충돌 크레이터들이 최근에 생긴 것이라고 인정하기 싫어했다는 인상을 받게 된다. 대부분의 지질학자들은 구멍이 화산 분화로 생성되었다고 확신하였다. 그 영역에 니켈-철 혼합물의 금속 부스러기들이 흩어져 있는데도 말이다.

1960년대와 1970년대에 흥미진진한 몇 가지 발견이 이루어지면서 모든 것은 변하였다. 첫째, 석영 광물 가운데 스티쇼바이트stishovite와 코에사이트coesite의 두 가지가 대충돌로 생성되는 높은 압력의 명백한 지표임이 밝혀졌다. 둘째, 지구의 위성 사진이 크레이터 구조를 드러내어 예전의 평계들(화산 칼데라caldera, 침식에 의한 지형 변화 등)이 사라졌다. 셋째, 아폴로 우주 비행사들이 가져온 달 암석의 연대 측정 결과는 크레이터들이 초기 폭격보다 훨씬 나중에 생겼음을 보여주었다. 넷째, 지구 주위에 대한 천문학적 관찰 결과 지구 궤도와 겹치는 궤도를 가진 거대한 천체들, 즉 지구와 부딪힐 수 있는 소행성들이 여전히 많다는 것이 증명되었다.

이러한 점에 고무된 지질학자들은 전세계적으로 충돌 크레이터를 탐색하였다. 현재까지 백 개가 넘는 크레이터가 검증되었다. 사실, 애리조나 운석 크레이터는 작고(지름 1.2킬로미터) 젊어서(5만년 전) 중요치 않은 쪽으로 분류된다.

그러나 고생물학자들 대부분과 지질학자들 가운데 상당수는 크레이터에 관한 새로운 작업에 관해 들어본 적이 없으며, 초기 폭격에 대한 예전의 관점이 무너졌다는 것에 대해서도 모른다. 이러한 점을 감안하면, 앨버레즈가 1980년의 논문에서 K-T 대멸종의 원인이 운석 충돌이라고 발표하였을 때 팽배했던 공포와 불신의 분위기가 설명된다. 그것은 아마도 우주선을 타고 온 작은 녹색 외계인들이 공룡들을 쏴 죽였다고 말하는 것과 비슷하게 들렸을 것이다.

크레이터 생성률

사실상 초기 대폭격 이후에 급격하게 감소하긴 했지만 지금까지 일정 정도의 충돌이 계속되어왔다는 주장은 널리 받아들여진다. 오히려 최근 6억 년 동안 그 비율이 증가해왔다는 증거도 있다.

현재의 크레이터 생성률에 대한 가장 최근 추정치를 아래에 제시하였다. 이 수치는 미국 지질조사소의 유진 슈메이커 Eugene Shoemaker의 작업을 바탕으로 한 것이다. 그는 크레이터 생성 연구뿐 아니라 망원경으로 지구와 궤도가 교차하는 소행성을 탐색하는 데에 지대한 공헌을 해왔다. 추정치는 지정된 크레이터 크기 사이의 평균 시간 간격(대기 시간)으로 나타내었다. 크레이터에는 소행성에 의해 만들어진 것(70퍼센트)과 혜성의 핵에 의해 생성된 것(30퍼센트)이 있다. 크레이터의 크기를 통해 그것을 생성한 천체의 크기를 대략적으로 환산할 수 있다. 속력, 충돌 각도 그리고 그 밖의 다른 요소들에 따라 1킬로미터짜리 천체는 10~20킬로미터에 달하는 크레이터를 생성한다. 그리고 10킬로미터의 천체는 150킬로미터에 달하는 크레이터를 만든다. 아래 표에서 애리조나 운석 크레이터처럼 아주 작은 크레이터들은 무시되었다. 애리조나 운석구는 사진과 텔레비전 화면에서 볼 때는 매우 인상적이었지만 실은 보잘것없다. 이 운석구는 미식 축구 경기장 폭 정도의 지름을 가진 천체가 만든 것이다. 지금까지 논의한 수많은 자연 현상처럼 크레이터 생성은 대단히 비대칭적인 분포를 가진다. 즉 작은 규모의 사건들은 흔하지만 대규모 사건은 드물다.

크레이터 지름	평균 시간 간격
〉10킬로미터	11만 년
〉20킬로미터	40만 년
〉30킬로미터	120만 년
〉50킬로미터	1,250만 년
〉100킬로미터	5천만 년
〉150킬로미터	1억 년

멸종 문제와 관련하여 슈메이커의 추정치가 과연 신뢰할 만한지, 그리고 충돌로 인해 대규모 멸종이 일어날 만큼 파

206

괴력이 큰지에 대해 알아볼 필요가 있다. 슈메이커는 자신의 불확실성이 "적어도 요인 2 정도"라고 밝혔다. "요인 2"란 10킬로미터(또는 그보다 큰) 크레이터를 생성하는 충돌에 대한 11만 년이라는 평균 추정 간격이 실제로는 5만 5,000에서 22만 년 사이일 것이라는 의미이다. 다시 말해서, 실제 기간은 선택된 추정치의 반 또는 두 배가 될 수 있다. 이렇게 보면 범위가 확실히 커지긴 하지만 그래도 대략의 범위는 알 수 있다. 지구, 달 그리고 다른 행성들의 크레이터 연구와 당시의 소행성 및 혜성을 관찰하여 독립적으로 추론된 것이기 때문에 불확실성이 상당히 잘 알려진 편이다.

슈메이커의 추정치가 부정확하다면 더 긴 시간 간격을 보여주는 표의 아래쪽 추정치들이 그럴 것이다. 크레이터는 여전히 발견되고 있으며 새로운 소행성도 더 많이 목격되고 있기 때문이다. 게다가 지상에 생기는 충돌 구멍은 석유 회사의 정책 때문에 더 적게 셈해진다. 많은 크레이터들이 상대적으로 젊은 암석층 밑에 깔려 있는데, 그 근처의 분열된 암석은 석유와 천연 가스가 축적될 수 있는 이상적인 매개물이 된다. 그래서 지표 밑에 위치한 크레이터의 가치를 새로이 깨달은 석유 회사들은 그 위치의 공개를 기피한다. 다행히 이것이 보편적이지는 않다. 몇 년 전에는 노바스코샤의 대륙붕을 관리하는 석유 회사들이 멸종 문제에 중요한 크레이터에 관한 정보를 발표하기도 하였다. 이것이 지름 45킬로미터에 달하는 몽타네 운석 크레이터Montagnais Crater이다. 캐나다에서는 이러한 정보의 공표가 법으로 규정되어 있다.

파괴력

여기에서 오늘날의 관찰 결과는 아무런 역할도 하지 않는다. 우리는 슈메이커의 도표에서 가장 작은 부류에 해당하는 충돌조차 겪은 적이 없으며 그러한 충돌이 기록된 적도 없다. 우리가 겪은 충돌 가운데 가장 큰 것은 퉁구스카 Tunguska 사건이다. 이 충돌은 1908년 6월 30일 사람이 살지 않는 시베리아 땅에서 발생하였다. 크레이터는 발견되지 않았지만 그 충격파로 인해 주변 수천 제곱마일 안의 나무가 몽땅 쓰러졌다. 떨어지던 물체는 대기와의 마찰열로 폭발해버렸다. 이때 방출된 에너지는 TNT 12메가톤에 해당하는데, 이것은 거대한 수소폭탄의 위력과 맞먹는 것이다. 이 사건은 시베리아 횡단 특급 열차의 승객과 승무원들에 의해 약 350마일 떨어진 곳에서 목격되었으며(그리고 그들의 귀에 들렸으며), 그로부터 몇 년이 지나서야 현장 연구가 시작되었다.

운석의 파괴력에 대한 추정은 전적으로 이론이나 이론을 바탕으로 한 컴퓨터 시뮬레이션을 통해 이루어진다. 1킬로미터의 물체가 충돌할 경우를 생각해보자(이것은 열 개의 미식 축구 경기장에 해당한다). 이때 추정되는 방출 에너지는 믿기 어려울 만큼 굉장한데, 현존하는 핵무기가 동시에 폭발할 때 방출되는 에너지의 몇 배를 넘는다. 앨버레즈가 제시한 10킬로미터의 물체 충돌 시의 추정치는 TNT 백만 메가톤이었다. 숫자가 너무 크긴 하지만, 어쨌든 그 파괴력은 상상을 초월한다.

대충돌이 일어날 경우 예상되는 효과로 충격파와 지진 해일 tsunami, 산성비, 산불, 대기 중 먼지와 매연이 야기하는 어두움, 지구 온난화 또는 지구 냉각화 등이 있다. 대기 중의 먼지가 지구 근처의 열을 차단하여 온실 효과를 일으킬 것인지, 햇빛을 차단하여 극심한 냉각 효과를 가져올 것인지 알 수 없기 때문에 지구의 기온이 어떻게 될지는 불확실하다.

이러한 일반적인 사실들을 제외하면, 대충돌이 환경에 미치는 영향에 관한 우리의 지식은 너무나 짧다. 우리는 충돌을 별로 겪어보지 않았기 때문에 기껏해야 화석 기록에 근거하여 추정할 수밖에 없다. 그 시기를 추정할 수 있는 충돌 사건에서 어떠한 서식 조건에서 살았던 어떤 종류의 종이 죽음을 당했는가? 이러한 접근법이 가능하다면, 이것은 과거가 현재(그리고 미래)의 열쇠가 되는 또 하나의 사례가 될 것이다.

앨버레즈와 K-T 멸종

노벨 물리학상 수상자이자 박학다식했던 과학자 고(故) 루이스 앨버레즈가 K-T 대멸종에 관해 어떠한 작업을 하였는지는 잘 알려져 있다. 그는 지질학자인 아들 월터 앨버레즈 Walter Alvarez, 그리고 화학자인 프랭크 아사로 Frank Asaro 와 헬렌 미첼 Helen Michel과 함께 일하였다. 이야기 전부를 알고 싶은 독자는 『내셔널 지오그래픽』(1989년 6월호)의 기사를 읽거나 전적으로 그 내용만을 다룬 책을 읽어보기 바란다. 나 자신도 『네메시스 사건 The Nemesis Affair』(1986)에서 그 내용을 다루었다. 여기에서는 간단하게만 언급하겠다.

앨버레즈 그룹은 이탈리아, 덴마크, 뉴질랜드에 있는 백악기-제3기 경계 시기의 암석에 고농도의 이리듐 원소가 들어 있다는 것을 발견하였다. 이리듐은 운석에 들어 있는 경우는 많지만 지구의 지층에서는 매우 희귀한 원소이다. 앨버레즈 그룹은 암석으로 된 혜성이나 소행성과의 충돌로 인한 파편이 K-T 퇴적물을 형성했다는 논리적인 결론에 다다랐다. 존재하는 이리듐의 양으로 볼 때, 충돌 화구의 지름은 10킬로미터는 되었을 것이다. 이 시기는 대멸종이 일어난 시기와 일치하므로, 그들은 충돌에 의한 환경적 영향에 의해 멸종이 일어났다고 주장하였다. 그들은 먼지구름에 의해 육지와 해양에서 광합성이 어려워진 것이 멸종의 일차적인 이유라고 생각했다.

앨버레즈의 발표 이후에 일어난 격렬한 반응은 과학자들이 새로운 연구를 하도록 자극하여, K-T 경계와 대멸종에 관한 더 많은 사실들이 알려지게 되었다. 전세계적으로 암석의 이리듐 농도가 계산되었다. 더 중요한 것은, 충돌에 관한 새로운 지표로 충격-변성 광물과 동위원소 신호가 발견되었다는 점이다. 대단히 높은 압력의 지표인 스티쇼바이트 광물도 발견되었다. 이제 이리듐은 K-T 충돌에 관한 수많은 지표 가운데 하나일 뿐이며 가장 훌륭한 지표는 아니다.

K-T 충돌의 사례는 크기와 시대가 잘 알려진 검증된 크레이터의 도움을 받았을 것이다. 그렇지만 대부분의 지질학자들에게 이는 그리 결정적인 문제가 아니다. 왜냐하면 지구 표면의 대부분이 크레이터를 찾아내기 힘든 바다 밑에 있으며, 판 운동에 의해 백악기 해저의 많은 부분들이 제거되었기 때문이다. 그렇지만 고생물학자들 대부분은 결정적 증거가 되는 크레이터를 원한다. 그리고 그것이 발견될 때까지 앨버레즈의 생각은 논쟁거리로 남을 것이다.

잃어버린 크레이터의 문제는 해결의 국면에 접어들었는지도 모른다. 이 글을 쓰고 있는 1990년 6월에 과학자들은 카리브해에 초점을 맞춘 두 개의 보고서를 검토하고 있다. 하나는 유카탄 반도 밑에 놓인 크레이터의 가능성을 조사한 것이고, 다른 하나는 대규모 충돌 이후의 퇴적을 보이는 아이티 섬의 암석에 관한 것이다. 이 보고서를 소개한『사이언스 *Science*』지의 논평에서, 리처드 커 Richard Kerr(과학자, 편집자)는 "믿음이 가는 충돌 현장이 백악기 말 대멸종이 지구와 소행성의 충돌에 의한 것이라는 이론을 위한 완전한 증거가 될 것"이라고 지적한 바 있다. 같은 문단에서 커는 "이 연구에 참여하고 있는 대부분의 과학자들을 만족시킬 만한 충분한 증거"가 있다고 하였다. 커의 논평에 따르면 주류 입장의 변화 조짐이 보인다. 아마도 앞으로 몇 달만 지나면 충돌과 멸종이 관련되어 있다는 것을 의심할 사람을 찾기는 힘들 것이다. 1960년대에 판구조론과 대륙 이동설이 받아들여지게 된 것처럼 말이다.

멸종의 주기와 네메시스

운석 충돌이 K-T 멸종의 원인일지도 모른다는 사실은, 많은 사람들이 보기에 또 다른 문제와 얽혀 있다. 바로 대규모 멸종이 2천 6백만 년의 주기를 갖는다는 주장이다. 그렇지만 이 두 가지 주장은 서로 독립적이다.

1984년에 잭 셉코스키와 나는 과거 2억 5천만 년 동안의 주요 멸종 사건에 대한 통계 분석 결과를 보여주는 짧은 논문을 발표하였다. 결론은 멸종이 마치 시계추처럼 2천 6백만 년마다 일어난다는 것이었다. 이것은 새로운 생각은 아니었다. 사실 우리는 프린스턴 대학에 있는 피셔 A. G. Fischer와 아더 Michael Arthur가 7년 전에 도달한 결론을 확인하였을 뿐이었다. 잭과 나는 주기성의 인과 기제를 제시하지 않았다. 그렇지만 그 원인이 지구 바깥에 있을지도 모른다는 제안을 하였다.

우리의 결론을 받아들인 몇몇 천문학자들은 지구에 미치는 주기성을 설명하는 태양계 또는 은하의 기제를 발표하였다. 가장 이목을 끈 견해는 우리 태양에 동반성 companion star이 있다는 것이었다. 이 동반성은 2천 6백만 년의 주기를 가지며, 동반성이 태양계에 가까워질 때 지구에 혜성이 쏟아진다는 것이다. 이 동반성에는 여러 이름이 있지만 대개 '네메시스'로 불린다.

수많은 연구와 언론이 천문학자들의 설명과 주기성에 주목하였다. 최근의 성과는 다음과 같다.

• 열두 명의 통계학자, 지질학자, 고생물학자 및 천문학자에 의해 멸종 자료가 재분석되었다. 그 결과는 복합적이다. 몇몇 사례에서는 사소한 수정이 필요하긴 했지만, 약 반수가 2천 6백만 년의 주기를 지지하였다. 나머지 반은 그 어떤 기간의 주기에 대해서도 납득할 만한 증거

를 찾지 못했다.

- 대부분의 천문학자가 동반성(네메시스)을 거부했지만 주기성의 기제를 제시한 사람도 있다. 컴퓨터 시뮬레이션이 거대한 궤도 안에서의 작은 동반성은 불안정하다는 것을 보여줬기 때문에, 네메시스에 대한 생각은 실패했다(다른 항성과 가까워지면 너무나 쉽게 교란되기 때문이다). 게다가 전자동 망원경으로 탐색을 했음에도 불구하고 네메시스는 탐지되지 않았다.

내 생각에, 과거 2억 5천만 년의 멸종 역사를 살펴볼 때 주기성은 생생하게 보여진다. 물론 그럴듯한 기제가 부족하기는 하지만 말이다. 대부분의 과학자들이 멸종 자료에서 주기성을 찾을 수 없다는 결론을 내렸기 때문에 그것과 관련된 논쟁이 많이 시들어버렸다. 그렇지만 주기성에 대한 제안은 여전히 검토 중이며 새로운 자료나 새로운 분석 방법을 기다리고 있다.

다행히도 주기성은 이 책의 주제를 다루는 데 지극히 중대한 문제는 아니다. 진화적인 관점에서 볼 때 멸종이 규칙적으로 일어나든 불규칙적으로 일어나든 큰 차이는 없다. 멸종 사건 사이의 평균 대기 시간을 바탕으로 작성한 살해 곡선은 사실상 주기성과는 상관이 없다.

제10장
운석 충돌이 모든 멸종의
원인이 될 수 있는가?

　나는 앞장에서 K-T 멸종의 충돌 이론에 관한 지난 수십
년 동안의 논쟁이 조만간 종결될지도 모르겠다고 예상했다.
그러나 이 이론의 지지자들은 이미 승리를 선언하였으며 논
쟁은 이미 움츠러들었다. 과학이란 그런 것이다. 논쟁을 계
속하느니 좀더 광대한 질문에 답하려 한다. 생명의 역사에서
운석 충돌이 멸종('대멸종'이 아님에 주의할 것―옮긴이)의
유일한 일차 원인이 될 수 있는가? 이상스럽게도 이것은 더
욱 간단한 질문이다. 이 장에서는 우연의 일치가 큰 역할을
할 수 있는 단일 사건에 대해 논쟁하지 않겠다. 대신 전체 멸
종의 역사와 일부 패턴에 주목할 것이다.

그럴듯함 논증

과거 2년 동안, 나는 동료들에게 운석 충돌이 대부분의 멸종을 야기했을 수도 있다고 여러 번 주장해왔다. 그것에 대한 반응은 흥미로웠다. 일반적으로, "그렇지만 어떤 대멸종은 다른 요인 때문에 일어난 것일 수도 있잖아?"라는 반응을 보였다. 내가 "멸종"이라고 말하면, 듣는 사람들은 "대멸종"이라고 알아들었다. 충돌이 대멸종의 원인이라는 점은 논쟁거리가 될 만한 쟁점이지만, 충돌이 대부분의 멸종의 원인이 된다는 것은 기이해서 잘 알아듣지 못했나 보다. 1988년에 있었던 멸종에 관한 학술 회의에서 나는 충돌에 의한 멸종이 보편적이라는 발표를 하였다. 이 착상은 그런대로 잘 받아들여졌다. 내가 이것을 "사고 실험"으로 부르고 실제로 그렇게 믿고 있다는 주장을 하지 않았기 때문인 것 같다.

혜성이나 소행성의 충돌이 5대 대멸종 가운데 한둘뿐 아니라 배경 멸종들까지도 설명할 수 있어야 한다는 생각은 그럴듯한가? 내 생각에는 그렇다. 이 책을 쓰면서 나는 넓은 지역에 걸쳐 분포하는 종이 자연적으로 제거되기가 대단히 어렵다는 인상을 받았다. 사람들이 사냥을 하기 전까지 멧닭은 안전했다. 적어도 인간의 시간 규모로 보면 그러했다. 이러한 경우 대개는 지리적 분포를 축소하는 '처음 한 방'이 있었는데 그것은 어쩌면 꼭 필요한 것인지도 모른다.

홍적세 빙하기의 신속하고 극심했던 환경적 압박은 눈에 뜨일 만한 멸종의 경향을 보여주지 않았다. 이것에 대한 다음과 같은 두 가지 설명이 가능하다. 첫째, 잘 자리 잡은 모든 종들의 서식 범위에는 그 종들을 유지할 만큼의 넓은 은신처가 포함되어 있다. (2) 다수(대부분?)의 종들은 기후대나 해안선의 이동보다 더 빨리 이주할 수 있다. 아무래도 홍적세 빙하 작용이 상당수의 종을 없애버릴 만큼 충분히 신속하거나 극심했던 것 같지는 않다. 그렇다면 그 속도와 정도를 넘어서는 지질학적 과정은 과연 무엇일까?

대륙 이동도 가능성에 포함된다. 특히 거대한 대륙이 분리되거나 합쳐질 때 종 면적 효과가 나타난다. 그렇지만 그것이 멸종의 많은 부분을 설명할 수 있으리라고 생각되지는 않는다. 물론, 이 책의 7장에서 파나마 지협을 통한 이주로 인해 발생한 포유류 멸종을 언급한 바 있듯이, 그러한 멸종은 실제로 일어난다. 그러나 소수에 불과하며 중대한 결과를 보여주지는 않았다.

살해 곡선(〈그림 4-5〉)을 통해 멸종과 시간의 관계를 볼 수 있다. 슈메이커의 크레이터 생성률 추정치(9장)는 운석 충돌과 시간의 관계를 보여준다. 이 관계에서 시간이 공통적인 요소로 등장한다. 이제 모든 멸종이 운석 충돌에 의해 일어난다고 비약해보자(이것을 작업 가설이라 부르든, 사고 실험

또는 추측이라 부르든 상관없다). 그러면 두 관계를 조합하고 공통 변수인 시간을 소거하여 두 관계에 대한 식을 만들 수 있다. 이제 충돌과 멸종의 관계를 나타내는 방정식 하나가 남는다. 〈그림 10-1〉은 이 방정식을 그래프로 나타낸 것으로, 충돌이 멸종의 유일한 원인이라는 가정 하에서 충돌 규모에 따른 종 살해를 보여준다. 크레이터 지름이 150킬로미터가 넘는 경우의 곡선은 점선으로 표시하였다. 이것이 슈메이커의 크레이터 생성률 추정치의 한계이기 때문이다.

충돌 효과에 관한 다른 정보와 비교할 때 〈그림 10-1〉의 충돌-멸종 곡선은 믿을 만한가? 앨버레즈의 연구에 따르면 K-T 충돌은 적어도 지름 150킬로미터의 크레이터를 생성하였을 것으로 추정된다. 충돌-멸종 곡선에 의하면 이는 70퍼센트의 종이 멸절하는 규모이다. 이는 화석 기록에 의한 당시의 종 멸절 추정치와 비슷하다. 지금까지는 좋다. 곡선에서 이 규모가 넘는 경우, 크레이터 지름이 커질수록 종 살해는 증가하지만 매우 완만하게 증가한다. 이 부분은 점선으로 표시된 부분이기 때문에 정확하지 않을지도 모른다. 어쨌든 곡선이 완전한 전멸을 예측하지는 않는다. 이러한 점은 나의 본래 주장에 대한 근거를 마련해준다. 예컨대 곡선에서 100퍼센트의 살해가 지름 200킬로미터의 크레이터에 해당하는 등, 수학적 결과가 매우 달라질 수 있기 때문이다.

충돌-멸종 곡선의 아랫부분에서 소규모 충돌(지름 10킬로

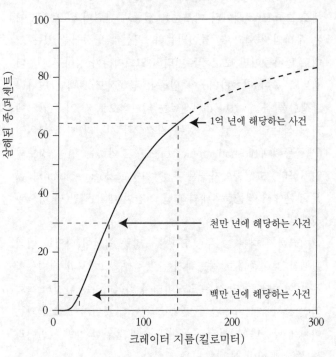

멸종-충돌 곡선

〈그림 10-1〉혜성과 소행성의 충돌에 의해 형성된 크레이터의 크기와 종 멸절의 관계. 이 곡선은 살해 곡선과 슈메이커의 크레이터 생성률 추정치를 결합하여 얻은 결과이다. 충돌이 멸종의 일차적인 원인이라는 작업 가설을 바탕으로 하였다. 곡선의 신뢰도는 가설의 타당성에 대한 척도가 된다.

미터 미만의 크레이터)의 살해 효과는 거의 영에 가깝다. 실제로 소규모 크레이터 대부분은 멸종과 관련이 없으므로 이는 우리의 경험과 잘 들어맞는다. 곡선과 방정식을 있는 그대로 받아들이면, 24.5킬로미터의 크레이터가 생성될 때 5퍼센트의 종이 멸종하며, 이 멸종이 평균적으로 백만 년마다 발생함을 볼 수 있다. 5퍼센트는 일반적으로 전 지구 규모에서 화석으로 구분될 수 있는 지질학적 시간의 최소 단위인 '생물층위대biostratigraphic zone'를 정의하는 멸종 정도와 일치한다. 고생물학자들은 지층 기둥geologic column의 많은 부분에서 생물층위대의 평균 기간이 대략 백만 년 정도일 것으로 추정한다.

지금까지 다룬 그 무엇도 충돌-멸종 곡선이 타당한 인과관계를 보여준다고 증명하지는 못한다. 그렇지만 그럴듯함은 보여준다. 이 곡선은 크레이터와 화석이라는 완전히 독립적인 출처에서 비롯된 두 관계를 결합한 것이지만 그 결과는 이치에 닿는다. 따라서 충돌이 멸종의 유일한 일반 원인이라는 주장에 힘이 실리게 되는 것이다.

관찰 결과로부터의 논증

이제 충돌 시기와 멸종 사이에 정말로 대응 관계가 있는지

를 고려해보겠다. 나는 여기에서 두 가지 접근법을 사용하려
한다. 하나는 과거 수십 년 동안 발표된 풍부한 이리듐 자료
를 살펴보는 것이다. 충돌과 관련하여 이리듐보다 더 나은
지표도 있긴 하지만 이리듐이 가장 광범위하게 조사되었기
때문이다. 두번째 접근법은 알려진 크레이터의 연대가 멸종
시기와 일치하는지 살펴보는 것이다.

K-T 경계 외에도 일곱 개의 지질 시대에 대한 잘 입증된
이리듐 변칙 anomaly 자료가 알려져 있다. 그것은 다음과 같
다.

지질학적 단계	이리듐 변칙이 나타난 시기 (백만 년 전)
플라이오세(제3기)	3
마이오세 중기(제3기)	12
에오세(제3기)	35
[K-T 경계	65]
세노마눔세(백악기)	90
칼로비아세(쥐라기)	157
프라스네세(데본기)	367

위의 여섯 번의 변칙이 충돌-멸종 연결을 지지하는가 하
는 점은 논쟁의 여지가 있으며 수많은 요소에 의존한다. 이

리듐 변칙이 나타난 가장 오래된 시기(프라스네세)는 5대 대멸종 시기와 일치한다. 그 다음 시기(칼로비아세)는 주요 멸종과는 관계가 없으며 쥐라기 중기와 후기를 나누는 화석 경계를 나타낸다. 그 다음 시기(세노마눔세)는 멸종의 시기로 잘 알려져 있으나 오래전부터 해양의 산소 결핍(무산소증)의 증거와 관련지어져왔다. 그 다음 시기(에오세)는 대규모 멸종은 아니지만 인식 가능한 멸종이 일어난 시기이다. 그 다음 시기(마이오세 중기)는 셉코스키의 자료에 나타난 멸종의 절정 시기와 일치하지만 고생물학자들에게는 주요 사건으로 널리 알려지지는 않았다. 가장 최근의 시기(플라이오세)는 지질학적으로 국소적인 변칙으로, 멸종과 연관이 있더라도 그리 크지는 않을 것이다. 그러므로 이리듐 기록은 여러 가지로 해석될 여지가 있다. 이것이 충돌–멸종 연결을 지지하는지는 본격적인 논쟁을 불러일으킬 만하다.

이리듐 자료에 관하여 두 가지 심각한 문제가 있다. 첫째, 대부분의 변칙이 이미 알려진 멸종 시기를 탐색하다가 발견되었다. 이리듐 분석은 비용이 만만치 않고 시간도 많이 소모되는 작업이므로 이는 충분히 이해할 만하다. 누구든 발견이 예상되는 곳을 먼저 살펴보지 않겠는가? 그러나 멸종이 일어나지 않은 시기에 이리듐이 없었던 자료가 없다면 멸종과 이리듐 양의 관계는 굳건히 확립될 수 없다. 더 광범위한 조사가 이루어지고 있지만 이리듐과 멸종이 견고하게 연결되어 있다고 말하기엔 시기상조이다.

다른 문제는, 여섯 개의 이리듐 변칙 가운데 셋이 침전 입자를 가두는 세균층인 스트로마톨라이트stromatolite 화석에 집중되어 있다는 점이다.

그래서 바닷물에서 자연적으로 생기는 미량 성분이 유기체에 의해 축적되어 이리듐 농도가 높아진 것이라고 반박될 수 있다. 따라서 이 이리듐은 우주에서 날아든 물체와 아무 상관이 없을지도 모른다. 반면, 운석 충돌로 인해 바닷물의 이리듐 농도가 높아져서 유기체가 눈에 띄게 많은 양을 축적했을지도 모른다.

운석 충돌 때문에 발생했다고 추정되는 대규모 멸종 중에 이런 화학 증거를 남기지 않는 것들이 존재하는가? 물론 많다. 그 중 가장 명백한 것은 모든 멸종의 할아버지격인 페름기 멸종이다. 그런데 이 시기에 일어난 충돌 증거를 찾으려는 모든 노력이 실패로 돌아갔다. 충돌−멸종 연결 지지자가 할 수 있는 최대의 방어는 수많은 충돌, 특히 얼음으로 이루어진 혜성과의 충돌이 이리듐과 관련이 없다는 점을 지적하는 것이다. 게다가, 페름기에도 이리듐이 들어 있는 암석이 존재했었지만 침식으로 인해 소실되었을지도 모른다. 충돌 파편이 퇴적되는 시기는 짧기 때문에 가능성이 있다.

이제 실제 운석 크레이터로 시선을 돌려보자. 멸종에 대응되는 대규모 크레이터의 인상적인 목록들을 만들어볼 수 있

을 것이다. 반대로, 그다지 인상적이지 않은 목록을 만들 수
도 있다. 아래에 각각의 입장을 옹호하는 논변 두 개를 소개
한다.

크레이터와 관련 있는 멸종

그리브Grieve와 로버트슨Robertson(1987)의 권위 있는 논
문에 따르면, 캄브리아기 이후에 생성된 크레이터 중 지름 32
킬로미터 이상인 것이 지금까지 열한 개 발견되었다. 〈그림
10-1〉의 충돌-멸종 곡선에 따르면, 10퍼센트의 종 멸종을 발
생시키는 크레이터의 지름은 최소한 32킬로미터는 돼야 한다.
따라서 이 크기는 의미를 갖는다. 그 열한 개의 크레이터 가운
데 아홉 개에 대해 지질학적 연대 측정이 잘 이루어졌다. 그 중
몇몇은 두드러진 멸종이 발생했던 지질 시대에 대응한다.

다음 표에서 볼 수 있듯이, 5대 대멸종 가운데 셋이 크레이
터와 깊은 관련이 있다. 가장 가망성 있는 시대를 표시하였다
(사례에 따라 불확실성은 다르다).

거대한 크레이터가 보존되어 발견될 확률이 낮기 때문에, 5
대 대멸종 가운데 세 경우나 대응하는 크레이터를 갖는다는 것
은 놀라운 일이다. 사실, 이 비율이 너무 높기 때문에 각각의
대멸종이 단일한 충돌 사건이 아니라 천체(아마도 혜성)의 집

224

크레이터(지름)	시기 (백만 년 전)	시기 (백만 년 전)	대멸종
맨슨, 아이오와 (32km)	65	65	백악기-제3기 경계
마니코간, 퀘벡 (100km)	210	208	트라이아스기- 쥐라기 경계
샤를브와, 퀘벡 (46km)	360		
실리안, 스웨덴 (52km)	368	657	프라스네세- 파멘세 경계(데본기)

중 폭격을 받아 발생한 것은 아닌지 의심해보아야 한다. 그래
야 적어도 하나의 크레이터가 보존될 가능도가 높아질 테니 말
이다. 계획 없이 지나가는 항성에 의한 혜성 궤도 교란의 결과
로 혜성이 쇄도한다는 점은 오래전부터 받아들여져왔다.

  몇몇 더 작은 규모의 멸종 사건도 크레이터 생성 연대에 대
응한다. 러시아의 거대한 포피가이 운석 크레이터 Popigai
Crater는 지름이 100킬로미터로 3천 9백만 년(±9백만 년) 전에
생성되었는데, 생성 연대 범위 안에는 3천 5백만 년 전에 에오
세를 마감한 멸종이 포함된다. 또한 퀘벡에 있는 클리어워터
Clearwater 운석 크레이터들(32킬로미터와 22킬로미터)은 2억
9천만 년(±2천만 년) 전에 형성되었다. 추정 연대의 불확실성
이 크긴 하지만, 1989년 할랜드 Harland의 지질 연대표에 따르

면 2억 9천만 년 전이라는 숫자는 석탄기를 끝낸 멸종에 해당된다.

멸종과 대응하지 않는 몇몇 거대 크레이터에 대해서는 더욱 깊이 있는 조사가 이루어져야 할 것이다. 그렇지만 그런 사례들이 크레이터와 멸종 사이의 강력한 관계를 위협할 만큼 많진 않다.

지질학적 기록에서는 지름 32킬로미터 이하의 작고 흔한 크레이터들이 주목 받을 만한 멸종과 관련되어 있는 경우는 거의 없다. 예외적인 것으로 독일의 리스Ries 운석 크레이터(24킬로미터)와 근처의 슈타인하임Steinheim 운석 크레이터(3.4킬로미터)가 있다. 둘 다 정확한 연대 측정에 의해 1천 4백만 80년(±70만 년) 전의 것으로 밝혀졌다. 이 연대는 중기 마이오세의 끝 무렵(1천 2백만 년 전)에 일어난 작은 멸종 사건의 시기와 가깝다.

납득이 되는가?

크레이터와 관련 없는 멸종

근본적으로 멸종 사건의 수를 세는 것은 불가능하다. 연속적으로 일어나는 멸종의 강도를 일정한 집합이나 범주로 구분하는 논리적인 방식이 없기 때문이다. 5대 대멸종이 다른 멸종과 구분되는 것은 단지 합의에 따른 것일 뿐이다. 그러므로 다섯 개 가운데 세 경우에 대응 크레이터가 존재하는 것으로 나타났다고 하더라도, 멸종을 다른 방식으로 분류하게 되면 그러한 대응은 깨지고 만다. 만일 다섯 개가 아니라 열 개의 가장 큰 사건을 대멸종이라고 정의한다면, 대응하는 크레이터가 존재하는 멸종의 비율은 급격하게 떨어진다. 따라서 멸종 분류의 임의적인 성격 때문에 무의식적인 편향을 피할 수 없다. 또한 그러한 결과에 대한 통계 검사도 무의미하다.

가장 큰 멸종인 페름기 사건에서는 운석 충돌의 증거가 명백하게 존재하지 않는다. 다른 요인에 의해 멸종이 일어난 것이 분명하다.

충돌과 멸종의 연대 측정은 불확실한 것으로 악명이 높다. 크레이터에 대한 방사성 연대 결정법의 오차는 수많은 출처에서 비롯될 수 있다. 보통 오차 범위가 제공되긴 하지만 오차의 출처와 오차 추정 방법이 알려지는 경우는 거의 없다. 주어진 오차를 액면 그대로 받아들이는 경우에도 크레이터 연대의 불확실성이 너무 크기 때문에 멸종 연대와의 비교에 사용하는 것은 부적절하다. 예를 들어, 샤를브와Charlevoix 운석 크레이터의 연대인 3억 6천만 년 전에는 불확실성이 2천 5백만 년이라고 알려져 있다. 따라서 샤를브와 운석 크레이터는 3억 3천 5백만 년 전에서 3억 8천 5백만 년 전 사이의 아무 때나 생성되었을 수 있는 것이다. 이 범위에는 3억 6천 7백만 년 전에 있었던 프라스네세 Frasnian 사건을 비롯한 많은 멸종들이 포함된다.

멸종의 연대 측정의 경우엔 상황이 더 나쁘다. 충돌-멸종 옹호자들이 간과하는 쥐라기를 마감한 중요한 멸종(티톤세 Tithonian 사건)의 연대를 고려해보자. 과거 10년 동안 공포된 다섯 개의 주요 지질 연대표에서는 쥐라기가 끝나는 연대가 1억 3천만 년 전에서 1억 4천 560만 년 전으로 다양하게 나타난다.

연대 측정 문제의 관점에서 보면 크레이터와 멸종의 연대를 관련지으려는 시도는 무의미하다. 쓰레기로 들어오면 쓰레기로 나갈 뿐이다.

크레이터의 크기 역시 문제이다. 멸종과 관련성이 없는 두 개의 거대한 크레이터에 대해 충분한 주목이 이루어지지 않았기 때문이다. 그 둘은 노바스코샤의 대륙붕에 있는 몽타네 운석 크레이터와 오스트레일리아의 퀸즐랜드에 있는 투쿠누카 Tookoonooka 운석 크레이터이다. 몽타네 운석 크레이터의 지름은 45킬로미터, 연대는 5천 1백만 년 전이며, 투쿠누카 운석구의 지름은 55킬로미터, 연대는 1억 2천 8백만 년 전이다. 둘다 유의미한 생물학적 사건의 한계인 32킬로미터를 넘는다. 그렇지만 1982년 할랜드 연대표로 돌아가서 쥐라기를 마감한 멸종과 투쿠누카 운석구가 거의 대응한다고 주장하지 않는 한, 두 크레이터 모두 멸종과 뚜렷한 관련이 없다.

멸종과 관련이 없는 거대한 운석구가 하나만 있어도 결정적인 반박이 된다. 주장하는 바처럼 거대한 충돌에 의한 에너지 방출이 수많은 종을 철저하게 파괴시킬 수밖에 없다면, 대부분이 아니라 모든 거대한 충돌이 멸종과 관련되어 있어야 한다. 이것은 관습적인 통계적 추론이 설자리가 없는 하나의 사례이다.

이러한 증거들로부터, 크레이터 연대와 멸종 연대가 일치하는 것처럼 보이는 것은 우연에 의한 것이며 자료 선택에서의 편향(확실히 무의식적인)과 잘못된 표본화에 기인한 것이라고 결론 내려야 할 것이다.

평가

발표된 과학 연구 논문은 옹호 논변의 성격을 갖는 경향이 있다. 과학적 글쓰기에서 당혹감과 불확실성을 인정하는 경우는 거의 없다. 오히려 변호사의 논고처럼 각각의 결론을 지지하는 가장 가능성 있는 경우가 만들어진다. 왜 이렇게 되었는지는 모르지만, 이러한 경향이 이미 문화의 일부가 되었다. 이러한 관습에 이점이 있기도 하다. 그러나 어려운 연구 주제에 대해서는 과학자 사회를 양극화하는 악영향을 미치기도 한다. 아직 명확한 해답이 없으며 대안 가설에 대한 완전한 탐색과 토론이 필요한 주제의 경우에 말이다.

기분에 따라 위의 두 가지 옹호 논변 가운데 아무 쪽이나 지지할 수도 있다. 자료를 어떻게 선정하고 정리하느냐에 의존하는 경우도 많다. 위에서 첫번째 경우는 흥미를 돋우는 상승 기조를 나타내며 미래 연구를 향한 긍정적인 도전 정신을 드러낸다. 두번째 진술은 보수적이며 부정적인 것으로, 저자는 모든 착상을 의심하기 위해 애쓴다. 첫번째 저자가 더 괜찮은 동료로 보인다. 그렇지만 모든 단계에서의 엄격한 논증과 세심한 검증을 주장하는 두번째 저자가 더 좋은 과학자이다.

두 저자 모두 자신의 논지를 입증하기 위해 수많은 편법과 책략을 사용한다. 일치하는 관찰 결과에 의존하는 첫번째 저자는 몽타네 운석 크레이터와 투쿠누카 운석 크레이터를 무시한다. 반면에 두번째 저자는 그 두 경우가 특히 중요한 반례가 됨을 강조한다. 첫번째 저자가 그 두 크레이터에 대해 들어보지 못했을지도 모른다. 가장 최근의 전 지구적인 크레이터 자료에도 그 크레이터들은 목록에 들어 있지 않았기 때문이다(Grieve and Robertson, 1987). 두 경우 모두 문헌 인용이 극심하게 부족하다. 마지막으로, 두번째 저자가 두 번이나 강조했듯이 충돌에 의해 일어나는 멸종의 옹호자들이 무의식적인 편향을 드러낸 것은 사기죄를 면하기 힘들다. 과학 문헌에서 이런 식의 놀림은 설자리가 없다.

제11장
멸종에 대한 조망

어떻게 멸종에 이르는가

멸종은 까다로운 연구 주제이다. 멸종과 관련된 결정적 실험이 수행될 수 없을 뿐만 아니라 일반 이론에 바탕을 둔 선입견들로 추론이 영향을 받기 쉽기 때문이다. 그렇지만 멸종에 관한 몇 가지 사실에 관해서는 타당한 확신을 가지고 말할 수 있다. 그 사실들은 화석과 살아 있는 유기체를 실제로 관찰하여 얻은 결과에 기초해 있다. 다음과 같은 것들이 그 사실들이다.

1. 종은 일시적이다. 복잡한 생명체로 이루어진 그 어떠한 종도 생명의 역사 중 극히 일부 기간 동안만 존재하였다. 천만 년의 종 지속 기간은 매우 긴 기간이지만 지구에서 생명이 존재한 기간의 0.25퍼센트밖에 되지 않는

다. 어떤 소멸은 의사 멸종 — 한 종에서 다른 종으로의 계통적 형질 전환 — 에 의한 것이기도 하지만 진짜 멸종은 실제로 광범위하게 벌어진다. 공룡, 삼엽충, 암모나이트는 거론조차 되지 않은 수많은 멸종된 종 가운데 일부에 지나지 않는다.

2. 개체군이 매우 작은 종은 소멸되기 쉽다. 3장의 도박꾼의 파산에 관한 논의에서 이와 같은 결론이 따라나온다. 그리고 대개의 경우 종은 고립된 섬에서 매우 작은 개체군으로 시작하기 때문에 종의 탄생 시기에는 거의 소멸한 상태나 다름없다. 게다가 어린 종에 대한 양육이나 보호는 이루어지지 않는다. 7장에서 언급했듯이, 어떤 종의 개체 수가 최소 존속 가능 개체군(MVP)보다 적으면, 매번 그렇지는 않을지라도 단기간 내에 멸종이 일어날 확률이 매우 높아진다.

3. 널리 퍼져 있는 종은 쉽게 소멸하지 않는다. 모든 교배군이 없어져야만 그 종의 멸종이 완성된다. 포식자는 대부분의 영역이 아니라 전 영역에 걸쳐 활동해야 한다. 경쟁에 의한 멸종의 경우도 마찬가지다. 멸종의 동인이 물리적 교란인 경우에는 종이 서식하는 모든 장소에서 살해 조건이 성립해야 한다.

4. '처음 한 방'은 널리 퍼져 있는 종도 소멸시킬 수 있다.

넓은 영역에 걸쳐 갑작스럽게 극심한 압박(생물학적이거나 물리적인 압박)이 가해지면 널리 퍼져 있는 종의 신속한 회복력도 소용이 없어진다. 이것이 7장에서 언급한 멧닭의 교훈이다. 아직 증명되지는 않았지만 이런 처음 한 방은 멸종의 필수 조건일 수도 있다.

5. 널리 퍼져 있는 종의 멸종은 뜻밖의 압박에 의해 촉진된다. 대부분의 동식물은 일반적으로 일어나는 환경 변천에 대한 방어책을 진화시켜왔다. 개체는 짧은 시간 동안만 생존할 뿐이지만 성공적인 종은 1천 년에서 10만 년 동안의 사건을 경험하고 살아남을 수 있다. 그러나 종이 한 번도 경험하지 못한 압박은 멸종을 초래할 수 있다. 4장의 살해 곡선을 떠올려보자. 대부분의 짧은 시간 간격으로 일어나는 멸종은 무시할 만하다. 하지만 더 큰 규모의 멸종 사건은 천만 년 간격으로 일어난다. 다윈적인 진화는 지속적인 자연 선택의 압박에 의존하므로 개체들은 자신들이 거의 경험하지 못한 조건들에 적응할 수 없다.

6. 수많은 종들이 동시에 멸종하려면 생태학적 경계들을 가로

지르는 압박이 있어야 한다. 멸종 기제는 일반적으로 단일 생태계나 서식지에 한정되어 작용한다. 극단적인 예로 단일 종에 국한되는 전염병을 들 수 있다. 전체 생태계의 붕괴를 초래하는 멸종 기제조차 둘 이상의 기본 서식지에 영향을 미치기는 힘들다. 그러나 화석 기록에 나타나는 대규모 멸종들은 명백하게 더 광범위한 영향력을 갖는 원인들에 의한 것이었다.

위에 제시된 여섯 가지 요점 가운데 다섯번째 — '일상적인' 압박은 널리 퍼진 종을 소멸시키지 못한다는 것 — 는 추가적인 논의를 할 만한 가치가 있다. 전염병이 이에 대한 반례의 역할을 할 수 있는 것처럼 보인다.

넓은 지역에 걸친 종이 질병에 의해 급격히 소멸한 사례는 잘 알려져 있다. 여기에는 각종 전염병균에 의한 인류의 피해도 포함된다. 그러나 실제로 널리 퍼진 종이 질병에 의해 전 지구적으로 완벽하게 멸종에 이르는 경우는 극히 드물다. 물론 미국밤나무의 경우처럼 질병으로 인해 거의 멸종에 이른 사례가 있기는 하다.

한때 미국밤나무는 미국 북동부 떡갈나무-호두나무oak-hickory 숲의 중요한 임관(林冠)canopy을 이루었다. 1906년, 우연히 중국에서 유입된 균류가 그 영역을 휩쓸며 거대한 밤나무를 몽땅 죽여버렸다. 그렇지만 밤나무의 뿌리는 균류에 면역성이 있었기 때문에 그 영역에서 종이 살아남을 수 있었다. 균류에 의해 죽기 전에는 거의 20피트에 다다르던 밤나무는 지금은 산림의 하층 식생을 구성한다. 따라서 질병으로 인한 멸종의 예로 이 사례가 자주 인용되기는 하지만 그 종은 여전히 안정적인 개체군을 유지하며 넓은 영역에 걸쳐 분포해 있다. 밤나무가 계속 하층에 머물지 또는 균류에 대한 저항을 진화시켜 원래의 역할을 되찾을지는 두고 보아야 할 것이다.

질병으로 인한 멸종의 실질적인 허점은 인류 문명을 관찰한 지 불과 몇 천 년밖에 지나지 않았다는 사실에 기인한다. 따라서 전염병이 널리 퍼진 종을 소멸시키는 '일상적인' 압박이라는 점은 증명되지 않은 가능성으로 남아 있다.

느리고 조용한 압박이 멸종을 초래한다는 개념은 다윈 패러다임의 일부이다. 다윈은 『종의 기원』에서 수많은 가지가 뻗은 통나무 비유를 사용하였다. 새롭게 뻗는 가지는 새롭게 진화하는 종에 해당한다. 뻗은 가지(종)들이 무성해지면 각각의 새로운 가지는 오래된 것을 몰아내고 대신 들어선다. 결국 새로운 종(더 잘 적응된 종)에 의해 가해지는 온순한 압박이 기존 종들의 멸종을 초래한다는 것이다. 이러한 생각에는 호소력이 있다. 또한 생물학을 배우는 학생들은 수세대에 걸쳐 그렇게 배워왔다. 그러나 실제 현장 자료로부터 검증된 것은 거의 없다.

앞의 추론을 받아들이면 우리는 정말로 희귀하고 널리 영향을 미치는 멸종 동인을 찾아내어 과거의 멸종을 설명해야 한다. 나는 진지하게 고려된 여러 후보 중에서 운석 충돌이 유일하게 신빙성 있는 기제라고 생각한다. 거대한 충돌만이 멸종을 일으키는 데 필요한 에너지를 갖고 있으며 그런 일을 수행할 만큼 자주 발생했다고 알려져 있다. 또한 거대한 충돌은 자연 선택에 의한 적응을 방해할 만큼 충분히 드물게 발생한다.

변덕스런 멸종

냉전의 절정기였던 1950년대와 1960년대에 대중들은 방사성 낙진이 건강에 미치는 효과에 큰 관심을 보였다. 그 덕분에 이온화 방사선에 장시간 노출될 경우에 어떤 생리학적 변화가 발생하는지에 관한 훌륭한 연구가 이루어졌다. 사람들은 장기적인 유전적 효과보다는 방사선의 직접적인 효과인 신체 손상에 더 주목하였다. 그래서 모든 종류의 동식물이 겪는 신체 손상에 관한 자료가 연구 결과로 제시되었다.

세포 분열 속도의 자연 변이와 유관한 이유 때문에 다른 유기체는 즉석에서 죽어버릴 방사선 양임에도 별 영향을 받지 않는 유기체들이 있다. 예를 들어, 곤충과 풀은 포유류보다 훨씬 잘 견딘다.

이제 일종의 사고 실험을 해보자. 외부의 우주 공간, 아마도 근처의 초신성에서 고에너지 방사선이 자연적으로 지구에 도달한다고 상상해보자. 방금 언급한 연구 결과로부터 모든 육상 포유류에게 치명적인 방사선 수준을 계산할 수 있다. 그러나 같은 양이 곤충과 풀에게는 상해를 입히지 않을 것이다. 이러한 집단이 영향받는 정도는 매우 다양하기 때문에 계산이 아주 정확할 필요는 없다.

가상의 초신성은 종 멸절 사건을 초래할 것이다. 그렇지만 육상 포유류처럼 방사선 양에 치명적인 유기체들만이 희생자가 될 것이므로 살해는 매우 선택적으로 일어날 것이다. 포유류 강에 속하는 모든 종이 멸종할 것인지 여부는 방사선 낙진 지속 시간, 동굴에 사는 포유류가 은신처를 찾거나 잠복할 능력, 그리고 멸종이 더 넓은 생태계 역학에 미칠 영향에 의존할 것이다. 어느 경우에도 물의 차폐 효과 때문에 해양 포유류(고래, 돌고래 등)는 살아남게 될 것이다. 강 수준에서 완전한 멸종이 일어나든 말든, 포유류를 비롯하여 방사선에 약한 개체들은 쇠락할 것이다. 몇몇 종이 살아남더라도 그 삶의 형태는 전형적이지 않은 모습을 띨 것이다. 그러나 곤충과 풀, 그리고 영향받지 않는 대부분의 대상들에게 멸종은 알아차릴 수도 없게 지나갈 것이다.

이러한 상상적인 시나리오는 높은 선택적 멸종을 발생시킨다. 그러나 이는 평상시 유기체의 적응도와는 거의 상관이 없다. 곤충이 지닌 고에너지 방사선에 대한 면역성은 자연선택에 의한 적응이 아니다. 왜냐하면 지구 역사상 평상시의 방사선 수준은 낙진 시나리오보다 훨씬 낮기 때문이다. 곤충의 면역성은 진화의 우연한 부산물일 것이다.

이러한 종류의 멸종은 선택적이지만 건설적이지는 않다. 그러한 방사선 수준이 지구 역사에서 드물게 나타난다면, 그러한 멸종은 유기체가 일반적인 환경에서 더 잘 생존하도록 하지는 않는다. 이렇게 선택적이지만 건설적이지 않은 멸종을 변덕스런wanton 멸종이라고 부르겠다. 이는 제멋대로이고 무질서하다는 의미를 담고 있다.

진화에서 멸종의 역할

화석 기록을 보면, 수많은 적응적 혁신 — 새로운 과나 목을 발생시키는 폭발적인 종 분화 — 은 거대한 대멸종 이후에 일어났다. 공룡 멸종 이후 곧바로 이어진 포유류의 번성이 그 대표적인 예이다. 이러한 효과는 5대 대멸종 이후에 가장 현저하게 나타나지만 다른 모든 규모의 멸종에서도 비슷한 경향이 보인다.

1장에서 나는 종의 소멸이 없다면 생물 다양성은 포화 수준에 도달할 때까지 증가하고 종 분화는 멈추게 될 것이라고 하였다. 포화가 되어도 자연 선택은 계속 작용하여 향상된 적응은 계속 발전할 것이다. 그러나 아마도 새로운 신체 형성 계획 body plan〔일군의 동물들이 공유하는 해부 조직의 기본 패턴으로서 문(門)에 따라 서로 다른 신체 형성 계획을 가진 것으로 인식된다—옮긴이〕이나 생활 양태 modes of life와 같은 진화의 혁신은 등장하지 않을 것이다. 결과적으로 진화가 느려져서 일종의 평형 상태에 도달하게 된다. 이러한 관점에 따르면, 진화에서 멸종의 주된 역할은 종을 제거하고 생물 다양성을 감소시켜서 혁신을 위한 생태적 · 지리적 공간을 확보하는 것이 된다.

선캄브리아기를 지배했던 박테리아를 비롯한 원시 유기체들의 기록은 멸종에 의해 추진되는 진화의 기이한 예외이다 (2장). 이 유기체들에게는 지구상에 존재했던 오랜 기간 동안에 별다른 변화가 없었던 것으로 보인다. 생화학적인 변화가 있었을지도 모르지만, 수많은 초창기 화석은 그 모양과 구조에서 지금 생존해 있는 것과 구분이 되지 않는다. 실제로 이 유기체들이 거의 변화하지 않은 것이라면 그것은 더 복잡한 유기체처럼 멸종의 위기에 처한 적이 없기 때문일 것이다. 특히 박테리아는 어디에나 존재하며 극단적인 조건에서도 생존한다. 그리고 일반적으로 박테리아를 죽이는 것은 어렵다.

외계 생명체(특히 지성을 가진 생명체)를 탐색하는 미국 항공우주국 등의 연구소들은 진화에서의 멸종의 중요성을 깨닫고 있다. 20년 전만 해도 향상된 생명체로의 진화가 일어나기 위해서는 안정적인 행성 환경이 가장 좋다고 생각했다. 이제 미국 항공우주국에서는 멸종이 일어나서 종 분화가 촉진될 만큼의 환경적 교란이 있는 행성을 고려한다.

진화에서 멸종의 역할을 달성하는 데 선택성은 중요한가? 나는 지금까지 이 책의 다양한 맥락에서 다음과 같은 세 가지 멸종 양태를 살펴보았다.

1. 총알받이: 적응도의 차이에 상관없이 일어나는 무작위적인 멸종.

2. 공정한 게임: 다윈적인 의미에서의 선택적 멸종으로서 가장 잘 적응한 종이 생존하게 된다.

3. 변덕스런 멸종: 특정 종류의 유기체가 선택적으로 생존하긴 하지만 그것이 정상적 환경에 더 잘 적응했기 때문은 아니다.

확실히 세 양태가 모두 일정한 시간에 그리고 일정한 규모로 작동한다. 그러나 나는 세번째인 변덕스런 멸종이 화석 기록에 나타난 생명의 역사를 산출하는 데 필수적인 요소라고 주장할 것이다.

하지만 이를 위해서 먼저 계통적 제약 phylogenetic constraint이라는 개념을 소개해야 한다. 이 개념은 진화 집단이 시간이 흐르는 동안 해부학적 안정성을 향해 나아가는 경향을 지칭한다. 어떤 성장 경로들은 유전적으로 고정되어 있다. 그 경로들은 유기체에 너무나도 근본적인 것이라서 변화가 부적절하거나 불가능하게 되었다. 성장의 '조립 라인'은 복잡한 방식으로 이미 짜맞춰져 있기 때문에 중요한 변화를 주려면 완전히 새로운 설계가 요구된다. 따라서 이미 존재하는 구조에 상대적으로 작은 변이만 가능하도록 진화가 제약된다. 포유류에 다리가 더 생기거나 포유류의 소화계가 근본적으로 바뀌지 못하는 이유는 바로 이런 계통적 제약 때문이다.

그런데 이러한 제약이 완벽하게 작용했다면 도대체 새로운 신체 형성 계획이나 새로운 생리 기능이 어떻게 생겨날 수 있겠는가? 이 질문은 오랫동안 진화생물학자들을 당혹스럽게 했다. 그러나 여기에 두 가지 그럴듯한 대답이 있다. 첫째는, 진화에서의 혁신은 조상 집단 중 더 작고 단순하며 가장 일반적인 구성원에서 발생한다는 것이다. 즉 계통적 제약의 짐을 가장 적게 지고 있는 종에게서 일어난다는 것이다.

둘째는, 멸종 후의 폭발적인 종 분화가 수많은 기회를 제공하여 적어도 하나의 새로운 신체 형성 계획이나 생리 기능이 성공할 개연성을 높인다는 것이다.

앞서 언급한 멸종의 세 가지 양태로 돌아가보자. 총알받이 양태에서는 삼엽충들이나 암모나이트들처럼 비슷하거나 서로 친족 관계에 있는 거대 집단이 그 막대한 수에 힘입어 항상 살아남을 것이다. 예컨대 세상에 빨갛거나 초록인 오직 두 종류의 유기체만 존재한다고 가정해보자. 그들 각각이 천만 종씩 있었다고 해보자. 2천만 종 가운데 99.9퍼센트가 색과 상관없이 무작위적으로 살해되더라도 각각의 색(이 경우에는 약 1만 종)이 살아남을 확률은 대단히 크다. 앞에서도 논의했듯이 이것이 삼엽충 멸종이 주는 교훈이다. 캄브리아기에 수많은 종이 있었고 총알받이 양태의 멸종이 일어났다고 했을 때, 단지 불운 때문에 3억 2천 5백만 년 동안 삼엽충이 전멸했을 것이라는 주장은 수학적으로 신뢰 받기 힘들다.

특정 생활 양태나 서식지 영역을 점유하던 종 전체 집단이 소멸되면서 중요한 적응 방사 현상이 틀림없이 발생했을 것이다. 따라서 멸종이 선택적으로 일어나야만 화석 기록이 잘 설명된다.

나는 여기서 요구되는 선택성이 변덕스런 멸종 모형에서는 충족되고 있다고 확신한다. 멸종이 항상 공정한 게임이어서 생존자가 생존할 만하니까 생존하고 희생자가 죽을 만하니까 죽었다면, 지금과 같은 진화 기록은 결코 나올 수 없을 것이다.

나는 앞에서 열대 지역에서의 해양 암초의 역사를 언급한 적이 있다(〈그림 2-2〉). 수많은 다른 종류의 유기체들이 열대 암초의 골격 구조를 만드는 데 번갈아가며 주도적인 역할을 담당해왔다. 기존에 만들어진 모든 암초가 제거된 뒤에야 대개 한 종류가 다른 것으로 대체되었다. 하지만 멸종이 공정한 게임이었다면 이미 현생누대 초기에 암초의 골격 구조를 만든 특정 우점종(그 당시에 존재했던 최고의 종)에 의해서 암초 군락이 확고히 형성되었을 것이다. 그것은 최적 optimal의 유기체였을 수도 있지만 아닐 수도 있다. 하지만 우세했기 때문에 참신하고 상이한 유기체의 도전을 훼방했을 것이다. 이 시나리오에서도 열대 암초는 여전히 존재할 것이며 생태계로서의 역할을 완벽하게 수행하였을 것이다. 그러나 진화의 다양성 가운데 상당 부분은 결코 현실화되지 않았을 것이다.

그러므로 멸종은 진화에 꼭 필요하며 대개 유기체의 적응도와 상관없이 선택적으로 일어난다(변덕스런 멸종)는 점이 내 결론이다. 스티븐 제이 굴드를 비롯한 여러 사람들이 강조해왔듯이 멸종이 완벽하게 공정한 게임이었다면 우리는 지금 이 자리에 존재하지 않았을 것이다.

지금까지의 논의는 멸종의 역할에 관한 참된 이야기이지

만 지구상의 생물에게만 적용될 수도 있다. 다른 행성 환경에서 작동하는 유사한 생물계에서는 진화가 다른 방식으로 진행될 수 있다. 그리고 적절한 물리적 환경에서는 총알받이 모형과 공정한 게임 양태로도 멸종이 충분히 진행될 수 있을 것이다. 하지만 이곳 지구에서 벌어진 것처럼 흥미로운 결과를 볼 수는 없을 것이다.

불량 유전자 탓인가, 불운 때문인가?

분명히 멸종은 불량 유전자와 불운의 조합으로 일어난다. 어떤 종은 그들의 서식지에서 잘 대처하지 못해서, 또는 우세한 경쟁자나 포식자에게 밀려서 소멸한다. 그러나 이 책에서 명백하게 드러났듯이, 나는 대부분의 종이 불운하기 때문에 소멸했다고 생각한다. 그들은 이전의 진화에서 예상치 못했던 생물학적이거나 물리적인 압박에 직면했거나, 자연 선택에 의해 적응할 만큼의 시간이 충분하지 않았기 때문에 죽어버린 것이다.

"불량 유전자가 아니라 불운 때문이었다!"라는 나의 주장에 불확실성이 있음을 감안하기 바란다. 불량 유전자가 아니라 불운을 선택한 것은 나의 최선의 추론 결과이다. 내 동료들과도 이러한 생각을 공유했다. 물론 대다수의 고생물학자와 생물학자들은 여전히 멸종에 대한 다원적 견해 — 적응도가 낮은 종들이 멸종한다는 — 를 고수하고 있지만 내 동료들 중 많은 이들이 내 견해에 공감을 표시한다.

그렇다면 불운에 의해 일어나는 멸종은 다윈의 자연 선택에 대한 도전인가? 그렇지 않다. 자연 선택은 눈이나 날개처럼 정교한 적응에 대한 유일하게 가능한 자연주의적 설명이다. 자연 선택이 없었다면 우리는 존재하지 않았을 것이다. 불운에 의한 멸종은 진화 과정에 단일 종으로 이루어진 국소적인 교배군의 수준이 아니라, 종 이상의 상위 분류군(속, 과, 목, 강, 문, 계)의 수준에서 작용하는 또 다른 요소를 첨가하는 것일 뿐이다. 다윈주의는 살아 있으며 건재하다. 그러나 다윈주의가 단독으로 작용하여 현재의 다양한 생명체의 모습을 생성한 것은 아니다.

오늘날의 멸종에 관하여

멸종 위기에 처한 종과 생물 다양성의 쇠퇴를 우려하는 오늘날의 독자에게 이 책의 몇몇 측면이 약간 거슬렸을지도 모르겠다. 잘 자리 잡은 종을 소멸시키기 힘든 것이 사실이라면, 여기서 서식지가 약간 파괴되고 저기서 과도한 사냥이 좀 벌어진다고 걱정할 이유가 있겠는가? 이에 대해 몇 가지 대답이 가능할 것이다.

멧닭의 사례는 인간 활동에 의한 처음 한 방(과도한 사냥) 때문에 종 영역이 크게 축소되고 그로 인해 다른 원인들이 멸종을 촉진하게 된 명백한 사례이다. 따라서 멸종 위기에 처한 종에 대한 우려는 정당하다. 인간 종은 지속적으로 처음 한 방을 만들어내고 있기 때문이다. 자연에 의한 처음 한 방은 수백만 년 간격으로 발생할 뿐이다.

생물 다양성의 쇠퇴와 멸종에 관한 최근 관심의 상당 부분은 모든 종이 중요하며 보호받아야 한다는 신념에 관한 선언이다. 이러한 신념은 도덕적, 미학적, 실용적 바탕에서 정당화된다. 그 모두가 인도주의적인 관점에서 타당하다. 모든 종이 보호되어야 한다고 확신한다면, 주차장을 만들기 위해 수백 평의 땅을 포장하는 일은 결코 그냥 넘어갈 문제가 아니다. 대부분의 종은 작은 영역만 점유하고 있기 때문에 자연적인 참사가 국소적으로 제한된 종을 제거하듯이, 대다수의 종은 국소적인 서식지 파괴에 의해서도 제거될 수밖에 없기 때문이다. 그러나 이 책에서 나는 수십억 년 동안의 생명의 역사에서 활동했던 주연들에 일차적으로 주목했다. 따라서 널리 퍼진 종들이 얼마나 놀랍도록 멸종에 저항하고 있는지를 강조할 수밖에 없었던 것이다.

에필로그
지구는 안전한 행성인가?

화석 기록은 한때 번성했지만 스러져갔던 수많은 종들에 관한 이야기이다. 그렇다면 우리 인간 종은 뭔가 다를까? 정상적인 자연 변천을 극복할 능력이 호모 사피엔스에게 있다는 사실이 증명되었다 해도, 우리도 자연적인 처음 한 방에 당할 가능성은 얼마든지 있지 않는가? 또는 완전한 멸종으로 인도하지는 못하는 다소 약한 한 방일지라도, 결국 현재의 인류 문명을 황폐화의 길로 들어서게 만들 수는 있지 않을까?

과거 멸종의 원인이 되는 운석 충돌에 관한 관점이 어떠하든, 오늘날의 환경에는 혜성이나 소행성과 충돌할 위험이 도사리고 있다. 그렇다면 일상적인 위험 요소와 비교해볼 때 충돌 위험이 우려할 만큼 클까? 만일 그렇다면 그에 대비하여 우리가 할 수 있는 일이 있을까?

이러한 질문에 대답하기 위해 상당한 노력이 이루어져왔

다. 1981년, 제트 추진 연구소는 콜로라도 스노매스에서 있었던 학술 회의를 후원하였다. 슈메이커가 의장을 맡았던 그 학술 회의에는 최고의 태양계 천문학자, 천체지질학자, 공학자, 그리고 항공학 전문가들이 참석했다. 스노매스 학회의 보고서는 초안까지 만들어졌으나 출간되지는 않았다. 학회에 참가한 인물들이 지구 궤도를 통과하는 소행성 탐색을 포함한 여러 연구 계획에 참여하느라 너무 바빴기 때문이다. 다행히도 클라크 챕맨 Clark Chapman과 데이빗 모리슨 David Morrison이 쓴 『우주적 재앙 Cosmic Catastrophes』의 마지막 단원에서 그 요약을 볼 수 있다.

우리의 생애 동안, 또는 우리의 아들, 딸들이나 손자, 손녀가 살아 있는 동안 지구가 파괴적인 소행성이나 혜성과 부딪힐 확률은 얼마나 될까? 한편으로는 운석의 충돌에 의해 인간이 참사를 당했다는 보고가 없기 때문에 위험이 간과될 수도 있을 것이다. 다른 한편으로는 1908년의 퉁구스카 사건(9장 참조)이 주요 도시를 휩쓸어버렸을 수도 있다. TNT 12메가톤에 필적했던 퉁구스카 사건의 에너지는 히로시마에 투하된 원자폭탄(13킬로톤)보다 천 배 강한 것이었다. 아이작 아시모프 Isaac Asimov의 계산에 따르면, 퉁구스카 혜성이 여섯 시간만 늦게(지구의 4분의 1회전) 부딪혔더라도 성 페테르스부르크(구 레닌그라드)가 날아가버렸을지도 모른다.

지구의 어디에선가 퉁구스카 크기의(또는 그보다 큰) 사건이 300년(평균 대기 기간)마다 발생할 것으로 추정된다. 이러한 추정이 옳다면 퉁구스카 사건은 인류 역사상 12번 넘게 발생하였다. 바다를 포함한 지표면 대부분에 사람이 살지 않는다는 점을 고려하면, 12번이 넘는 사건 가운데 단지 하나만이 알려져 있는 사실이 그리 놀라운 일은 아니다. 그러므로 도시를 파괴하는 사건 사이의 대기 시간은 300년보다 훨씬 길 것이다.

위험 평가에 대한 다른 방식의 접근도 있다. 스노매스 학회 참가자들은 "문명을 파괴하는" 충돌은 평균적으로 30만 년마다 발생한다고 결론지었다. 그러한 충돌은 약 10만 메가톤에 해당하는 에너지를 방출할 것이다. 이는 퉁구스카의 8,000배, 히로시마의 8백만 배가 넘는 위력이다. "문명 파괴"라는 말은 중세 암흑 시대(어쩌면 석기 시대)에 필적하는 긴 기간 동안 계속될 정도로 황폐화가 크다는 것을 의미한다.

평균적으로 30만 년마다 사건이 발생한다면 어떤 해에 문명이 파괴될 확률은 1 대 30만이다. 그리고 75년을 사는 사람의 일생 동안의 위험은 1 대 4,000이다. 이것은 다른 자연적 또는 인위적인 위험 요소의 범위에 포함된다. 『우주적 재앙』에서 챕맨과 모리슨은 다음과 같은 흥미로운 비교를 한 바 있다. 정상적인 생애에서 한 사람이 문명 파괴 충돌을 경험할 확률은 비행기 사고로 죽을 확률보다 상당히 높고 감전으로 죽을 확률과 비슷하며 총기 사고로 살해 당할 위험의 약 3분의 1이다.

위험 평가를 하면서 스노매스 학회 참가자들은 충돌 확률에 관한 신뢰할 만한 정보가 정말 부족하다고 조심스레 지적하였다. 문명 파괴 사건이 일어날 확률의 최선의 추정치는 매년 1 대 30만이지만, 스노매스 그룹은 실제 확률이 1 대 1만과 1 대 1백만 사이의 어디든 속할 수 있다고 결론지었다. 불확실성은 한편으로는 혜성과 소행성의 숫자와 궤도에 대한 불완전한 지식에 기인하며, 다른 한편으로는 환경 효과에 대한 무지에서 비롯된다.

이러한 불확실성은 거대한 크레이터의 연대 측정에 대한 슈메이커의 '요인 2' 추정치보다도 훨씬 크다(9장 참조). 얄궂게도 소규모 크레이터는 지질학적 기록을 남길 만큼 오래 견디지 못하기 때문에 추정치들은 소규모 충돌보다는 대규모 크레이터에 더욱 의존하여 결정된다.

재앙을 얼마나 심각하게 받아들이는지 그리고 계산 작업을 어떻게 하는지에 따라 인류 집단의 위험은 하찮게 보이기도 하며 의미심장해 보이기도 한다. 어쨌든 속단할 수 없다는 것이 내 생각이다. 우리가, 받아들일 수 있는 위험과 받아들일 수 없는 위험 사이의 어느 경계에 서 있는지는 알 수 없다. 챕맨과 모리슨도 신중하다. 그들은 스노매스 추정치에 의하면 파괴적인 충돌 위험이 "TCE(트리클로로에틸렌, 발암 물질), 석면 단열재, 사카린, 폭죽, 원자력"에 의한 사망 위험보다 크고, 흡연이나 교통 사고에 의한 사망 위험보다는 훨씬 작다고 하였다.

이 모든 것은 충돌을 피할 수 있는 것인지 여부에 의존하는데 이는 몇 가지 질문으로 요약된다. 곧 다가올 충돌을 경고할 수 있는가? 만일 그렇다면 충돌을 피하기 위해 할 수 있는 것이 있는가? 과연 시간은 충분할 것인가?

지금까지 지구 통과 궤도를 지난 거대한(1킬로미터 이상) 소행성 가운데 발견된 것은 고작 5퍼센트에 불과하다. 이 경우에는 궤도가 잘 알려져 있어서 우리에게 수년에서 수십 년의 경고 시간이 주어진다. 그러나 지구 통과 궤도를 지나는 것들 중 발견되지 않은 나머지 95퍼센트의 경우 경고 시간은 매우 짧을 것이며, 다가오는 물체를 볼 수 있을 때에만 알게 될 것이다.

1989년 3월에 지구는 충돌 위험의 근접 거리까지 접근한 소행성들 가운데 하나를 경험하였다. 지름이 적어도 33킬로미터나 되는 소행성이 지구-달 거리의 약 두 배 거리를 지나쳐 간 것이다. 1989FC라는 이름이 붙은 이 소행성은 지구를 지나친 며칠 후에야 인지되었다. 소행성을 탐지하는 통상적인 방법은 약 45분 간격으로 상공 사진을 찍어서 비교하는 것이다. 그렇게 시간 간격을 둔 사진이라면, 지구 자전에 의한 별들의 정상적인 변위를 조절한 후에야 이동한 빛의 점으로 소행성이나 혜성을 알아차릴 수 있다. 그런데 만일 천체가 직접적으로 지구를 향해 다가오고 있을 경우에는 변위를 알아차릴 수 없어서 그 천체를 탐지하지 못하기 십상이다.

그러므로 유용한 대응을 하기에 경고 시간은 충분하지 않을지도 모른다. 그렇지만 낙관하는 사람들도 있다. 1990년 5월에 발표한 논문에서 미국 항공우주학회(AIAA)는, 지구 통과 궤도를 지나는 태양계 천체에 관한 지식을 축적하고 충돌이 예측된 천체를 "비켜가게 하거나 파괴할 방법과 기술"을 탐색하기 위해 충돌 문제에 관한 진지한 연구(그리고 재원 확보)가 이루어져야 한다는 입장을 밝혔다. AIAA의 제안은 미국 국가우주위원회 의장인 퀘일 부통령(이 책은 1990년에 씌어졌음—옮긴이)에 의해 승인되었다. 다시 한 번 말하지만, 충돌 사례를 심각하게 볼지 간과할지 여부는 현재의 충돌 확률 추정치의 정확성에 대한 평가에 의존한다.

이러지도 저러지도 못하는 상황이다. 충돌률에 관한 연구가 더 이루어질 때까지는 우리의 행성이 얼마나 안전한지(또는 불안전한지) 우리는 알 수 없다. 그러나 한편으로는 충돌에 의한 사회적 위험이 크다는 강력한 증거를 정당화하지 못하면 연구 재원 확보가 힘들다. 우리는 과연 안전한 행성에 살고 있는가? 아직은 잘 모른다.

출처 및 더 읽을 만한 문헌들

제1장

Cuppy, Will, 1983, *How to become extinct*, Chicago: University of Chicago Press. 1941년 판본의 재판.

Darwin, Charles, 1859, *On the origin of species*, London: Murray. 다른 판본도 많이 있다.

Erwin, T. L., 1988, The tropical forest canopy, In *Biodiversity*, 123~29. 오늘날 약 4백만 종이 살고 있다는 추정에 이르는 선구적인 연구에 대한 요약.

Keyfitz, N., 1966, How many people have ever lived on earth? *Demography* 3: 581~82. 현재 생존한 사람들의 비율 추정치의 출처.

Raup, D. M., 1981, Extinction: Bad genes or bad luck? *Acta Geologica Hispanica* 16(1~2):25~33.

Wilson, E. O., ed., 1988, *Biodiversity*, Washington, D. C.: National

Academy Press. 현재와 미래의 멸종 문제에 대한 글과 연구 보고서 모음집. 1986년 9월에 워싱턴 시에서 열린 생물 다양성에 관한 국제 포럼의 발표에 기초함.

제2장

Clarkson, E. N. K., and R. Levi-Setti, 1975, Trilobite eyes and the optics of Descartes and Huygens, *Nature* 254: 663~67. 삼엽충의 시각에 관한 논의의 출처.

Cloud, P. E., 1988, *Oasis in space: Earth history from the beginning*, New York: W. W. Norton. 일반 대중을 위해 잘 씌어진 책으로 초기 지구와 선캄브리아기의 기록을 강조한다.

Copper, P., 1988, Ecological succession in Phanerozoic reef ecosystems: Is it real? *Palaios* 3: 136~52. 〈그림 2-2〉의 기초로 사용된 연구 논문.

Gould, Stephen Jay, 1989, *Wonderful life*, New York: W. W. Norton. 버지스 이판암층 화석에 대한 날카로운 분석과 진화에서의 멸종의 의미를 담은 책.

Harland, W. B., et al., 1990, *A geologic time scale 1989*, Cambridge: Cambridge University Press. 이 책에서 사용된 지질 연대 추정치의 표준.

Margulis, L., 1988, The ancient microcosm of planet earth, in *Origins and extinctions*, ed., D. E. Osterbrock and P. H. Raven,

New Haven: Yale University Press, 83~107. 선캄브리아기 생명에 대한 훌륭한 요약.

Nitecki, M. H., ed., 1988, *Evolutionary Progress*, Chicago: University of Chicago Press. 생명의 진화에서 진보를 정의하는 과학과 철학에 관한 글 모음집.

Padian, K., 1988, The flight of pterosaurs, *Natural History*, December, 58~65.

Raup, D. M., and S. M. Stanley, 1978, *Principles of paleontology*, 2d ed., San Francisco: W. H. Freeman. 대학 교재로 사용됨.

Raup, D. M., and J. W. Valentine, 1983, Multiple origins of life, *Proceeding of the National Academy of Sciences* 80: 2981~84. 생명이 두 번 이상 발생했을 가능성을 탐구하는 연구 논문.

Schopf, J. W., ed., 1983, *Earth's earliest biosphere: Its origin and evolution*, Princeton: Princeton University Press. 선캄브리아기의 환경과 초기 생명에 관한 상세하고 포괄적인 글 모음.

Schopf, J. W., and C. Klein, eds., 1991, *The proterozoic biosphere*, Cambridge: Cambridge University Press. 선캄브리아기 생명에 대하여 더 포괄적으로 다루었다.

Stanley, S. M., 1973, An ecological theory for the sudden origin of multicellular life in the late Precambrian, *Proceedings of the National Academy of Sciences* 70: 1486~89. 캄브리아기 폭발의 원인으로서의 파종(cropping)에 대해 요약한 연구 논문.

Stanley, S. M., 1989, *Earth and life through time*, 2d ed., New York: W. H. Freeman. 대학 교재.

제3장

Anderson, S., and J. K. Jones, 1967, *Recent mammals of the world*, New York: Ronald Press. 〈그림 3-3〉의 출처. 제목의 '최근 recent'은 멸종하지 않고 살아 있음을 나타내는 말이다. 1984년 에 *Orders and families of recent mammals of the world*(New York: John Wiley)라는 제목의 개정판이 나왔으나 통계 값은 바뀌지 않았다.

Dubbins, L. E., and L. J. Savage, 1976, *Inequalities for stochastic processes—How to gamble if you must*, New York: Dover Publications. 카지노 도박 모형을 바탕으로 한 수학적 접근. 도 박꾼이 카지노에서 90퍼센트의 확률로 이길 수 있는 확실한 비 법이 들어 있다(나머지 10퍼센트의 경우에 몽땅 손해를 본다).

Galton, F., and H. W. Watson, 1875, On the probability of the extinction of families, *Journal of the Anthropological Society of London* 4: 138~44. 성(姓)의 소멸에 관한 고전적인 연구.

Malthus, T. R., 1826, *An essay on the principle of population*, 6th ed., London: John Murray. 1권 52~53쪽에 스위스에서의 성의 소멸에 관한 자료가 나와 있다.

256

제4장

Alvarez, L. W., W. Alvarez, F. Asaro, and H. V. Michel, 1980, Extraterrestrial cause for the Cretaceous-Tertiary Extinction, *Science* 208: 1095~108. 혜성이나 소행성 충돌이 K-T 대멸종의 원인이라고 제안하는 최초의 연구 논문.

Gore, Rick, 1989, What caused the earth's great dyings? *National Geographic* 175(June): 662~99. 대멸종에 관한 정교하고 믿을 만한 접근.

Gumbel, E. J., 1957, *Statistics of extremes*, New York: Columbia University Press. 희소한 사건의 예측 문제에 대한 수학적 접근.

Raup, D. M., 1979, Size of the Permo-Triassic bottleneck and its evolutionary implications, *Science* 206: 217~18. 페름기 대멸종에서 모든 종의 96퍼센트까지 소멸하였다고 결론짓는 연구 논문.

Raup, D. M., 1991, A kill curve for Phanerozoic marine species, *Paleobiology* 17: 37~48. 〈그림 4-5〉의 살해 곡선을 유도해낸 연구 논문.

Raup, D. M., and D. Jablonski, eds., 1986, *Patterns and processes in the history of life*, Berlin: Springer-Verlag. 1985년 6월에 베를린에서 개최된 다렘 학술 회의의 연구 논문 모음집.

Raup, D. M., and J. J. Sepkoski Jr., 1984, Periodicity of extinctions in the geologic past, *Proceedings of the National Academy of*

Sciences 81: 801~5. 멸종 사건이 시간에 따라 규칙적으로 분포되어 있다는 주장을 담은 연구 논문.

Sepkoski, J. J. Jr., 1986, Phanerozoic overview of mass extinction, In *Patterns and processes in the history of life*, 277~95. 〈그림 4-1〉의 출처.

제5장

Clemens, W. A., 1986, Evolution of the vertebrate fauna during the Cretaceous-Tertiary transition, In *Dynamics of extinction*, ed., D. K. Elliott, 63~85, New York: Wiley-Interscience. K-T 멸종에서의 분류 선택성에 관한 논의의 출처.

LaBarbera, M., 1986, The evolution and ecology of body size, In *Patterns and processes in the history of life*, ed., D. M. Raup and D. Jablonski, 69~98, Berlin: Springer-Verlag. 진화에서 신체 크기에 관한 일반적인 문제에 대한 리뷰.

MacArthur, R. H., 1972, *Geographical ecology*, New York: Harper & Row. 종의 지리 분포에 관한 일반적 주제를 다룬 연구 논문.

Martin, P. S., 1986, Refuting late-Pleistocene extinction models, In *Dynamics of extinction*, ed., D. K. Elliott, 107~30, New York: Wiley-Interscience.

Martin, P. S., and R. G. Klein, eds., 1984, *Quaternary extinctions: A prehistoric revolutions*, Tucson: University of Arizona Press.

홍적세 멸종의 모든 측면을 다룬 서른여덟 편의 연구 논문과
리뷰. 포유동물에 대해 초점이 맞춰져 있다.

Schopf, T. J. M., 1982, Extinction of the dinosaurs: A 1982
  understanding, In *Geological implications of impacts of large
  asteroids and comets on earth*, ed., L. T. Silver and P. H. Schultz,
  Geological Society of America, Special Paper 190: 415~22.
  Boulder: GSA. 백악기 말에는 공룡이 북미에서만 살았기 때문
  에 공룡의 멸종에 대한 전 지구적인 원인이 필요하지 않다고
  주장하는 연구 논문.

제6장

Chaloner, W. G., and A. Hallam, 1988, *Evolution and extinction*,
  London: Royal Society. 린네 학회 200주년 기념으로 런던에서
  개최된 학술 회의에 기초한 멸종에 관한 연구 논문 모음집.

Ehrlich, P. R., and A. H. Ehrlich, 1981, *Extinction: The causes and
  consequences of the disappearance of species*, New York:
  Random House. 멸종 문제에 관한 대중적인 접근. 최근의 멸종
  에 대해 강조한다.

Nitecki, M. H., ed., 1984, *Extinctions*, Chicago: University of
  Chicago Press. 멸종의 과거, 현재, 미래에 관한 리뷰 논문 모음
  집.

Stanley, S. M., 1987, *Extinction*, New York: Scientific American

Books. 일반 독자를 위해 씌어진 종합적인 접근. 멸종의 주요
요소로서의 기후를 강조한다.

제7장

Halliday, T., 1978, *Vanishing Birds: Their natural history and conservation*, New York: Holt, Rinehart, and Winston. 멧닭의 사례에 관한 정보가 담겨 있다.

MacArthur, R. H., and E. O. Wilson, 1967, *The theory of island biogeography*, Princeton: Princeton University Press. 종 면적에 관한 생각을 발전시킨 고전적인 학술 논문.

Marshall, L. G., S. D. Webb, J. J. Sepkoski Jr., and D. M. Raup, 1982, Mammalian evolution and the Great American Interchange, *Science* 215: 1351~57.

Simberloff, D., 1986, Are we on the verge of a mass extinction in tropical rain forests? In *Dynamics of extinction*, ed., D. K. Elliott, 165~80, New York: Wiley-Interscience. 빙하기 이후 우림의 역사에 관한 논의를 담음. 〈그림 7-2〉의 출처.

Soule, M. E., ed., 1986, *Conservation biology: The science of scarcity and diversity*, Sunderland, Mass.: Sinauer Associates. 보존생물학에 관한 연구 논문이 담긴 뛰어난 모음집.

Terborgh, J., and B. Winter, 1980, Some causes of extinction, In *Conservation biology: An evolutionary-ecological perspective*, ed., M. E. Soule and B. A. Wilcox, 119~33, Sunderland, Mass.: Sinauer Associates.

Ziegler, A. M., et al., 1987, Coal, climate and terrestrial productivity: The present and early Cretaceous compared, In *Coal and coal-bearing strata: Recent advances*, ed., A. C. Scott, Geological Society of America, Special Publication 32, 25~49, Boulder: GSA. 기후의 역사, 특히 우림과 관련된 측면을 분석한 연구 논문.

제8장

Anderson, T. F., 1990, Temperature from oxygen isotope ratios, In *Paleobiology, a synthesis*, ed., D. E. G. Briggs and P. R. Crowther, 403~06, Oxford: Blackwell. 〈그림 8-2〉의 출처.

Cowan, R., 1976, *History of life*, New York: McGraw-Hill. 고생물학의 기초적인 대학 교재. 새로운 판본이 준비 중이다.

Jablonski, D., and K. W. Flessa, 1984, The taxonomic structure of shallow-water marine faunas: Implications for Phanerozoic extinctions, *Malacologia* 27: 43~66. 종 면적 효과에 의해 해수면 하강이 해양 생물의 멸종을 야기했으리라는 가설을 테스트하는 연구 논문. 최근에 자료가 첨가되어 개정되었다.

Milne, D. H., D. M. Raup, J. Billingham, K. Niklas, and K. Padian, eds., 1985, *The evolution of complex and higher organisms*,

NASA Special Publication SP-478. Washington, D. C. : NASA. 진화에서 외계의 영향을 평가하기 위해 미국 항공우주국이 주최한 워크숍의 보고서.

Vail, P. R., R. M. Mitchum, and S. Thompson, 1977, Global cycles of relative changes of sea level, In *Seismic stratigraphy—Applications to hydrocarbon exploration*, ed., C. E. Payton, American Association of Petroleum Geologists, Memoir 26. 83~97, Tulsa: AAPG. 〈그림 8-1〉의 출처.

제9장

Alvarez, L. W., 1987, Mass extinctions caused by large bolide impacts, *Physics Today*, July, 24~33. 멸종의 원인으로서의 충돌에 대한 최초 주창자의 강력한 옹호 논변이 담겨 있다.

Glen, W., 1990, What killed the dinosaurs? *American Scientist*, July-Aug., 354~70. 대멸종 논쟁에 관한 과학사학자의 최신 리뷰.

Goldsmith, D., 1985, *Nemesis: The death star and other theories of mass extinction*, New York: Walker. 대멸종에 대한 대중적인 접근 가운데 하나.

Hsu, K. J., 1988, *The great dying*, Orlando: Harcourt Brace Jovanovich. 대멸종에 관한 읽을 만한 문헌으로, 일반적으로 멸종과 생명에 대한 생각에 미친 찰스 다윈의 영향을 강조한다.

Kerr, R. A., 1990, Dinosaur's death blow in the Caribbean Sea? *Science* 248: 815. 카리브해 유역의 충돌 증거 발견에 관한 논평.

Muller, R., 1988, *Nemesis: The death star*, New York: Weidenfeld & Nicolson. 네메시스 이론의 주창자 가운데 한 명이 K-T 대멸종의 원인 탐색에 관해 대중적으로 설명하였다.

Raup, D. M., 1985, *The Nemesis affair: A story of the death of dinosaurs and the ways of science*, New York: W. W. Norton.

Silver, L. T., and P. H. Schultz, eds., 1982, *Geological implications of impacts of large asteroids and comets on the earth*, Geological Society of America, Special Paper 190, Boulder: GSA. 유타의 스노버드에서 개최된 1981년 회의에 기초한 중요한 연구 논문 모음집.

제10장

Azimov, I., 1979, *A choice of catastrophes*, New York: Simon and Schuster. 항성 붕괴에서 인구 과잉의 위험에 이르기까지, 지구 상에서 잘못될 수 있는 모든 것에 관한 상세한 설명을 담았다.

Calder, N., 1980, *The comet is coming!* New York: Viking Press. 특히 헬리혜성을 강조하며 혜성에 관한 최고의 설명을 제공한다. 앨버레즈의 연구에 대한 초기의 훌륭한 접근도 담겨 있다.

Grieve, R. A. F., and P. B. Robertson, 1987, *Terrestrial impact structures*, Geological Survey of Canada(Ottawa), Map 1658A. 지구상에서 확인된 116개의 운석구의 위치를 보여주는 화려한 지도.

Sharpton, V. L., and P. D. Ward, 1990, *Global catastrophes in earth history*, Geological Society of America, Special Paper 247. Boulder: GSA. 1988년 10월 유타의 스노버드에서 개최된 멸종에 관한 중요한 학술 회의의 논문집

에필로그

Chapman, C. R., and D. Morrison, 1989, *Cosmic catastrophes*, New York: Plenum Press. 오늘날의 운석 충돌의 위험에 관한 훌륭한 논의가 담겨져 있으며, 우주 속의 지구의 위치에 관한 권위 있는 설명이 들어 있다.

Morrison, D., and C. R. Chapman, 1990, Target earth: It will happen, *Sky and Telescope*, March, 261~65. 위험한 충돌의 가망성에 관한 심화된 논의가 담겨 있다.

Trefil, J. S., 1989, Craters, the terrestrial calling cards, *Smithsonian*, September, 80~93. 혜성과 소행성, 그리고 그것들에 의한 충돌 크레이터에 관하여 훌륭한 논의가 담겨져 있다.

쥐라기 공원에 운석이 떨어지지 않았다면……

장대익

아빠의 상상력 부족을 늘 질타하는 일곱 살 된 우리 집 꼬마도 잠자리에 들기 전에 그나마 재미있게 들어주는 아빠의 이야기가 하나 있다. 거창하게도 그것은 공룡 멸종과 인간의 출현에 관한 이야기이다. 나는 먼저 영화 「쥐라기 공원」을 들먹이며 공룡이 얼마나 거대하고 힘센 동물인지에 대해 동의를 구한다. 그런 다음 우주에서 날아온 커다란 소행성이 지구와 충돌해서 천하를 호령하던 그 공룡들이 다 죽고 말았다고 이야기해준다. 이때 영화 「아마겟돈」은 내 빈약한 상상력을 보완해주는 매우 훌륭한 수단이다. 나는 잠시 브루스 윌리스가 되어본다.

그런데 과거로의 여행은 여기서 멈추지 않는다. 이야기의 초점이 공룡이 멸종한 후에 활개를 치기 시작한 우리의 조상, 즉 최초의 원숭이로 옮겨지면 인간의 초라한 시작이 뭐가 그리 우스운지 우리 집 꼬마는 연신 키득거린다. 이쯤 되면 잠을 청하기 위한 이야기는 각성제가 되기 십상이고 곧바로 의미심장한 질문이 던져진다. "그런데 아빠, 우주에서 큰 바위가 우리한테로 날아오지 않았다면 아직도 공룡이 살아 있을까?" 나도 가만히 있을 수는 없다. "그러면 우리 인간은 지금쯤 어떻게 됐을까?"

이런 이야기가 지난 20년 동안 수많은 과학자들의 수백 편의 논문과 책에서 다뤄진 뜨거운 쟁점이었다는 사실을 우리 딸아이는 언제쯤 알게 될까. 사실 20년 전쯤만 해도 내 이야기는 그저 소설일 뿐이었다. 지구 생명의 운명이 외계에서 갑자기 날아온 큰 바위 때문에 좌지우지됐을 것이라는 생각은 대다수의 과학자들에게 너무도 불손한 것이었다. 외계 운석 충돌론을 받아들이느니 차라리 창조론을 믿는 편이 낫다고 말하는 이들도 실제로 적지 않았다.

하지만 지금은 이 충돌론이 학계의 정설로 자리 잡았다. 학계뿐만이 아니다. 20세기를 마감하는 시점에 등장한 두 편의 영화, 「아마겟돈」과 「딥임팩트」는 종말론적 시류를 타고 큰 성공을 거둔 바 있다. 그러나 「맨 인 블랙」과 같은 여느 공상과학 영화와는 다르게 이들 영화의 관람객들은 다소 무거운 마음으로 극장 문을 나온다. '6천 5백만 년 전에 공룡을 비롯한 대다수의 생물들을 멸종시켰던 그 소행성 충돌이 내가 살아 있는 시기에 다시 일어나지 말라는 법이 있는가?'

시카고 대학의 고생물학자인 데이빗 라우프는 이런 공포에 과학적 근거를 제공한 주범이다. 그는 백악기 말의 공룡 멸종이 소행성의 충돌 때문에 발생했다는 앨버레즈의 주장을 가장 확실하게 지지해온 고생물학자이다. 심지어 동료였던 잭 셉코스키와 함께 멸종 자료들을 통계 분석한 후에 지구에서 2천 6백만 년마다 멸종이 일어나고 있으며 그 이유가 주기적으로 날아오는 운석과의 충돌 때문일지 모른다는 엉뚱한(?) 주장을 펴기도 했다. 『멸종: 불량 유전자 탓인가, 불운 때문인가』(1991)는 멸종에 대한 그의 견해가 가장 잘 집약된 책이다. 비록 일반 대중을 상대로 씌어진 책이긴 하나 멸종에 관한 논의에서 반드시 언급되어야 하는 고전으로 통한다.

혹자는 과학계에서 10년 전에 출간된 책의 유용성에 대해 의문을 제기할 수 있을 것이다. 하지만 운 좋게도 이 책의 대부분의 내용들은 아직도 반박을 기다리고 있다. 정확히 말하면 오히려 충돌 이론이 지난 10여 년 동안 더 많은 입증 사례들을 확보하게 되었다고 해야 할 것이다. 예를 들어 1990년에는 멕시코 유카탄 반도의 칙슬럽 Chicxulub에서 지름 180킬로미터의 운석구가 발견되었다. 그리고 연대를 측정해본 결과 그 운석구가 공룡 멸종 시기인 6천 5백만 년 전에 생성된 것이라는 사실이 2년 뒤에 과학 전문지 『사이언스』에 실리게 되었다. 한편 1994년 7월에 국내외 언론을 떠들썩하게 만든 슈메이커-레비 혜성의 목성 충돌 장면은 지구가 혜성의 충돌로도 엄청난 타격을 받을 수 있다는 사실을 간접적으로 경험하게 해줬다. 이 두 사건은 충돌 이론에 회의를 품었던 많은 이들이 마음을 돌리는 중요한 계기로 작용했다.

이제는 오히려 충돌 이론을 너무 자주 들먹거리는 분위기가 되어서 오히려 곤란할 지경이다. 실제로 "무슨 소행성이 2천 몇 년에 지구와 얼마의 확률로 충돌할 가능성이 있다"라는 식의 발표와 보도들이 지난 10년 동안 여러 차례 있었으나 거의 전부가 "그럴 가능성은 무시해도 좋다"라는 식의 해프닝으로 끝난 바 있다. 비록 해프닝이긴 했지만 그런 구체적인 예측이 가능했던 것은 미국 항공우주국 NASA을 비롯한 세계 유수 기관들에서 지구 접근 천체 near earth object, NEO 프로그램을 1998년 이후부터 본격적으로 가동하고 있기 때문이다. 우리나라도 한국천문연구원 내의 지구 접근 천체 연구실(국가 지정 연구실)을 두고 비슷한 일을 수행하고 있다(http://www.kao.re.kr/~neopat). 라우프를 비롯한 충돌 이론가들이 제시한 이론을 진지하게 받아들이고 있다는 증거들이다.

그러나 대멸종을 충돌 이론으로 설명하기를 꺼리는 사람들이 전혀 없는 것은 아니다. 여전히 해수면 하강이나 기후 변동 등을 내세우는 이들도 있다. 그런데 충돌 이론에 대적할 만한 상대로는 대규모의 화산 활동으로 인해 대멸종이 초래되었다고 보는 입장밖에 없는 듯하다. 왜냐하면 높은 이리듐 함양을 비롯한 많은 증거들이 동시에 화산 폭발설도 지지하고 있기 때문이다. 현재 적지 않은 과학자들이 충돌과 화산 폭발을 동시에 받아들이고 있는 것도 바로 이런 이유에서이다. 즉 충돌이 먼저 일어난 후 화산이 대규모로 폭발했다거나, 화산 활동이 왕성히 진행되고 있는 중에 충돌이 일어났다는 식으로 추측하고 있다. 어쨌거나 충돌이 최초 혹은 최후의 일격으로 대멸종을 이끌어냈음을 모두 인정하는 셈이다.

그렇다면 일정한 주기를 두고 멸종이 일어난다는 라우프의 도발적인 주장은 지금도 유효한 것일까? 이에 대한 평가는 다소 부정적이다. 우선, 그가 옳다면 충돌의 증거와 흔적이 모든 주요 멸종에서 나타나야 하는데 이리듐의 흔적은 백악기 말을 포함한 스무 번의 멸종 사건 중 일곱 번의 사건에만 발견된다. 그리고 가장 큰 멸종이 진행됐던 페름기 말에는 이런 흔적이 전혀 발견되지 않는다. 실제로 지난 10년 동안 라우프와 셉코스키의 자료는 열세 번이나 다른 과학자들에 의해 재분석되었다. 이들 중 다섯 번은 주기성이 의미가 있다는 결과를 낸 반면 나머지 여덟 번은 그렇지 않다는 결론이 내려졌다. "주기성이 정말로 있다고 믿지만 아직까지 증명할 수는 없다. 더 많은 자료가 필요하다." 라우프의 대답이다.

멸종에 관한 이런 논쟁들은 과학이 어떤 식으로 굴러가는 지에 대해 몇 가지 중요한 통찰을 준다. 우선, 과학에서도 공상과학 영화에서나 등장할 만한 엉뚱한 생각이 결국 정설로 자리 잡을 수 있다는 사실이다. 물론 그뒤에는 동료들의 온갖 조롱과 수모에 대한 인내가 있어야 했다. 이런 의미에서 라우프는 강단이 있는 과학자임에 틀림없다. 둘째, 이 논쟁은 과학의 특정 분과가 다른 분과들과 어떤 식으로 협력할 수 있는지를 보여주는 매우 좋은 예이다. 고생물학이 자신의 전통적 세력권을 넘어 화학자와 천체물리학자 등과도 협력하게 될 줄을 어떻게 알았겠는가. 멸종에 대한 연구는 현대 과학의 특성, 즉 거대 규모이며 학제적이라는 특성을 전형적으로 드러내준다.

멸종에 대한 과학적 논의는 결코 과학의 영역 내에서만 맴돌지 않는다. 넓게는 생명의 진화와 운명에 관한 이야기이며 좁게는 인간종의 생존과 멸절에 관한 분석이기 때문에 인문·사회적 함의를 지니는 것은 너무도 당연하다. 라우프의 『멸종』이 기본적으로 대중 과학서이긴 하지만 실제로 그 이상의 가치를 담고 있는 이유가 여기에 있다. 우리 집 꼬마가 언젠가 수학을 이해할 만한 나이가 되어 이 책을 같이 읽게 된다면, 그때는 공룡의 멸종과 인류의 운명에 대해 심도 있는 토론을 꼭 한번 해보고 싶다.